FÓRMULA 1

ANATOMÍA DE UNA PASIÓN

VÍCTOR ABAD

geoPlaneta

FÓRMULA 1 - Anatomía de una pasión

1.ª edición - marzo del 2024
2.ª edición - mayo del 2024
geoPlaneta
Diagonal 662-664. 08034 Barcelona
info@geoplaneta.es - www.geoplaneta.com

Diseño de cubierta: Sophie Guët

ISBN: 978-84-08-28150-4
Depósito legal: B. 17.143-2023
Impresión y encuadernación: Black Print

Printed in Spain - Impreso en España

A mis tíos Paco y Gabi, los responsables de mi amor por la Fórmula 1. A mis primos Higi y Fran, fundadores de F1-Info, por enseñarme algo que me ayudó a potenciarlo: crear vídeos para YouTube. A todos los que han hecho posible este libro mediante su apoyo incondicional durante casi diez años de aventura. Y a Juan, Tere, Adri y Cristina por aguantarme, que no es poco.

SUMARIO

Capítulo 1. ¿Por qué la Fórmula 1?	7
Capítulo 2. Conceptos básicos	17
Capítulo 3. Los pilotos	29
Capítulo 4. Los equipos	83
Capítulo 5. El coche	121
Capítulo 6. La unidad de potencia	159
Capítulo 7. Los neumáticos	171
Capítulo 8. Los circuitos	183
Capítulo 9. Los Grandes Premios	201
Capítulo 10. La pasión	237

CAPÍTULO 1

¿POR QUÉ LA FÓRMULA 1?

En un mundo donde el fútbol y el baloncesto reinan por encima de cualquier otra disciplina, decir que tu deporte favorito es la Fórmula 1 siempre causa, cuando menos, curiosidad. Todos la conocen, todos saben lo que es y todos la han visto alguna vez, pero hasta hace un par de años admitir que tu obsesión era mirar coches de colores dando vueltas a un circuito provocaba que la gente te catalogase como «el friki de la F1». Era tan inusual que la etiqueta se ponía con facilidad. Quizá algunos de los lectores de este libro hayan sido los «frikis de la F1» de su pueblo. Sin duda, yo fui el del mío.

Antes, lo de la Fórmula 1 era en España poco más que un fenómeno viral. Todos recuerdan las temporadas en las que Fernando Alonso alcanzó la gloria con sus Renault R25 y R26 coronándose bicampeón del mundo en el 2005-2006. Lo que sucedió en nuestro país fue algo casi sin precedentes: la ascensión meteórica de un deporte que, pese a tener una larga historia, jamás había contado con una gran masa de aficionados.

De la noche a la mañana, todo el mundo hablaba de los Grandes Premios en sus lugares de trabajo. En las escuelas, muchos niños jugábamos a ser Fernando Alonso. Los fines de semana no había bar o restaurante que a mediodía se atreviese a sintonizar otra cadena que la que retransmitía los Grandes Premios. La gente debatía en la barra sobre los duelos del asturiano. Las portadas de los periódicos publicados el lunes tras una carrera estaban prácticamente reservadas a la Fórmula 1, y las audiencias se acercaban o incluso superaban con solvencia las de algunos de los partidos de fútbol que todavía se emitían en abierto. Y como si del Mundial o la Eurocopa se tratara, los españoles salían a la calle para celebrar el triunfo de Fernando en Interlagos.

Muchos de esos aficionados ni siquiera entendían muy bien lo que sucedía en pista, pero no podían despegarse del televisor. Era el deporte de moda. La Marea Azul, o Alonsomanía, se hacía más y más grande, y en un par de años la Fórmula 1 se convirtió en uno de los grandes deportes del país. La fiebre por el automovilismo era tal que los circuitos incluso se llenaban para ver las carreras de la GP2,[1] telonera por aquel entonces de la categoría reina. Las mismas tribunas rebosaban de aficionados cuando la Fórmula 1 venía al Circuit de Barcelona-Catalunya, al Circuit Ricardo Tormo de Valencia y al Circuito de Jerez para celebrar los test de pretemporada. Daba igual que fuesen jornadas de prueba: la gente se plantaba en el circuito a primera hora de la mañana, incluso en días laborables, solamente para ver a Alonso.

No obstante, tras unas grandes temporadas, el número de aficionados se redujo mucho tanto a nivel nacional como internacional. Esa masa de espectadores fue menguando de millón en millón cada dos o tres temporadas conforme Fernando Alonso perdía opciones de luchar por la victoria y se imponía el dominio de Red Bull y, posteriormente, del equipo Mercedes.

1. La GP2 Series (2005-2016) pasó a llamarse FIA Fórmula 2 en el 2017. Sucedió lo mismo con la GP3 Series (2010-2017), que desde el 2018 se conoce como FIA Fórmula 3.

La Fórmula 1 se ha visto tradicionalmente marcada por el dominio de un solo equipo que lo gana todo. El público general se enganchó en unos años algo «irreales», en los que había bastante inestabilidad y muchas escuderías eran candidatas al título. Por eso vino el comprensible bajón con el regreso de los «dominios». Entre el 2005 y el 2009 ganaron el Mundial cuatro pilotos de cuatro equipos distintos. Entre el 2010 y el 2013, Sebastian Vettel y Red Bull se lo llevaron todo.

Aun así, el ánimo no decayó por completo, porque las temporadas 2010 y 2012 tuvieron una gran acogida gracias a sus agónicos finales. Pero en el 2014 la FIA cambió el reglamento técnico y desencantó a muchos fans dando la bienvenida a la actual «era híbrida»: motores que no suenan, coches que van más lentos, gran diferencia estética con respecto a otros años y un dominio aplastante de Mercedes desde el primer día.

A todo esto se sumaban los problemas para seguir retransmitiendo las carreras. Claro, si no hay espectadores difícilmente se pueden pagar los derechos de retransmisión, por mucho que hinches la carrera con diez cortes publicitarios. El coste de las retransmisiones era cada vez mayor y, en general, las cuotas de audiencia en la televisión en abierto andaban de capa caída. La única solución era (y sigue siendo, para cualquier evento deportivo internacional) la televisión de pago.

Y tal y como vino, se fue. Con la misma rapidez con la que creció la popularidad de este deporte en nuestro país, la Fórmula 1 desapareció de las parrillas televisivas. Ya no había sitio para ella en las portadas de la prensa. Seguir un Gran Premio desde un bar o restaurante pasó a ser una quimera. Las gradas del Circuit de Barcelona-Catalunya empezaron a mostrar huecos demasiado grandes. De golpe y porrazo, el interés general por la Fórmula 1 se redujo a la pregunta que de vez en cuando te hacía todo el mundo: «Qué, *el* Alonso sigue igual, ¿no?».

Pero en la temporada 2017 la Fórmula 1 despertó de su letargo. Las carreras y las temporadas volvieron a ser emocionantes y recuperaron su atractivo. Los nuevos dueños del Gran Circo se abrieron a las plataformas digitales, y la audiencia creció a nivel internacional por primera vez en años. Esta lenta recuperación culminó en el 2021, con el vibrante y apoteósico duelo entre Lewis Hamilton y Max Verstappen, que mantuvo en vilo al mundo entero hasta la última vuelta del Gran Premio de Abu Dabi.

Desde entonces, todos los circuitos cuelgan el cartel de «entradas agotadas» en cada Gran Premio, la gente vuelve a madrugar para ver las carreras y las calles están otra vez inundadas de camisetas del Nano. Este auge repentino de algo que pensabas que ya se había esfumado quizá sea la razón por la que habéis comprado este libro (o alguien ha decidido regalároslo). ¿Qué estará sucediendo que todo el mundo vuelve a hablar de ello?

Para mí, la Fórmula 1 ha sido apasionante desde el primer minuto del Gran Premio de Australia del 2005, cuando empecé a seguir carrera tras carrera el Campeonato del Mundo. Lo que siento antes de cada salida es indescriptible. Cuando se apagan las luces del semáforo, se detiene mi mundo durante una hora y media o lo que la carrera pueda llegar a durar; soy incapaz de hablar con otras personas o de prestar atención siquiera a lo que tengan que decirme mientras haya coches en pista. No puedo hacer planes, no puedo irme de viaje o moverme de casa, si no sé que allá donde vaya habrá una televisión en la que seguir la carrera.

Han pasado los años y no he encontrado ninguna otra cosa que me haga sentir tanto. Cuando presencio una batalla trepidante por la victoria, me agarro al sofá o a la silla con el pulso a mil, como verifican los pulsómetros. En el momento en que cae la bandera a cuadros, si la carrera ha sido muy emocionante, se me escapa a veces una lágrima con los ojos enrojecidos y se me hace un nudo en la garganta. Me dice la gente que, cuando cuento algo de lo que ha sucedido en un Gran Premio, me brilla la mirada. Quizá más que una afición sea una obsesión, y la verdad es que hay sobrados motivos para pensarlo.

Si por lo que sea me pierdo una clasificación o una carrera en directo, puedo llegar a ser una persona absolutamente insoportable. Si estoy con alguien, meto mucha presión para poder irme. Si la cosa va para largo, cierro mis redes sociales en el móvil, desactivo todas las notificaciones y entro en WhatsApp tapando con una mano el nombre de los chats y dejando solo a la vista las fotos de perfil, para evitar leer los grupos donde se habla de la Fórmula 1 durante las carreras. Y si por casualidad me entero del resultado, estoy hundido para el resto del domingo y durante la semana siguiente.

La única carrera que no he visto en mi vida desde que empecé a seguir la categoría es el Gran Premio de Australia del 2010. Había que madrugar, yo era muy pequeño y mi padre prometió despertarme para ver la carrera. Por algún motivo que desconozco, decidió no hacerlo. Cuando me desperté y me di cuenta de que ya era tarde, bajé al comedor para ver la carrera en diferido, porque siempre tenía el DVD programado como método de emergencia. Abrí la puerta y me encontré a mi señor padre en el sofá viendo la tele. Vuelvo la cabeza y me percato de que la retransmisión todavía no ha terminado. Era el podio. Había ganado Jenson Button. Jamás vi esa carrera, y muchos años después sigo sin haberla visto. Para qué, si sé quién ha ganado.

Y, sí, hoy en día sigo teniendo en una pequeña lista negra a todos aquellos que osaron contarme el resultado de un Gran Premio. Mi tía Mari Ángeles todavía me recuerda el cabreo que pillé con ella cuando tendría seis o siete años. Con toda la buena intención del mundo, al darse cuenta de que yo estaba de bajón por no haber podido ver una carrera en directo, vino a decirme el resultado. Al parecer, no le dirigí la palabra en lo que quedaba de día. Y ya que estoy, aprovecho: si está leyendo esto el señor que se acercó en un festejo en La Gruta para decirme que había ganado Räikkönen, que sepa que le sigo odiando. Ni olvido ni perdono.

He vivido la Fórmula 1 con esa misma intensidad toda mi vida, ya tuviese cinco o veinticuatro años. Por eso mucha gente me ha recomendado que escriba esta guía, porque dicen que irradio pasión por este deporte. Yo no sé si es así o no; lo que sí es verdad es que me encanta hablar de la Fórmula y tratar de enganchar a la gente contando las historias de mis carreras favoritas. Porque no concibo que lo que en mi cabeza es el mayor espectáculo del mundo sea para otros uno de los deportes más aburridos.

Y he de decir que comprendo a la gente que piensa así. No es que la Fórmula 1 sea complicada de entender, ya que bastan unos pocos años siguiéndola cada fin de semana para captarla a la perfección; el problema es la primera impresión. Los humanos prejuzgamos a la ligera, por eso la primera impresión es vital. Y no ocurre solo con las personas, sino con absolutamente todo. Si alguien no te llama la atención de primeras, no te darán ganas de hablar con él. Si una comida no te entra por los ojos, no te apetecerá comértela, ni siquiera probarla, y, como buenos cabezones que somos, siempre te negarás, porque «te da cosa». Si una película ya te aburre a los diez minutos o una canción no te dice nada en sus primeros treinta segundos, seguro que la quitas. Y, por supuesto, si sintonizas una retransmisión deportiva y no entiendes nada, no vas a estar una hora y media delante de la tele, ni mucho menos pagarás por ello en un futuro.

La Fórmula 1, de primeras, es una competición muy complicada de seguir. Enciendes el televisor y la realización se centra en una batalla entre dos pilotos que no conoces, con dos equipos que no conoces y en una pista de la que tampoco conoces sus características. Los grafismos de abajo te indican la distancia entre estos dos rivales en milésimas de segundo; el de la derecha, el estado de los neumáticos del líder medido en porcentajes; y el de la izquierda, los intervalos de tiempo entre los veinte clasificados. De repente se oye la radio de un piloto que se decanta por el plan C de la estrategia, mientras que otro se queja de *blistering* (véase p. 177) en las gomas. Los comentaristas hablan de la posibilidad de un *undercut* (p. 232) y de pronto ondean banderas amarillas, porque el líder se detiene a causa de problemas con el MGU-H (p. 161).

Es normal volverte loco si es la primera vez que ves este espectáculo. Esa sobredosis de información cuando pretendes arrancar de cero puede bloquearte por completo y hacer que pienses que es demasiado complicado para ti. Y es ahí donde radica el error, porque si omites todo el contexto y la información vital para seguir y entender la carrera, y decides centrarte en las imágenes del circuito, ¿qué ves? Pues «coches dando vueltas». Ni más ni menos.

Por supuesto, si el fútbol no son unos «tíos o tías dando patadas a un balón», ni el baloncesto unos «tíos o tías lanzando balones», el automovilismo tampoco son unos «coches dando vueltas». Y con la Fórmula 1 pasa lo mismo que con otros deportes: si no se conoce el contexto, se disfruta muchísimo menos. Sin contexto, la final del Mundial de fútbol masculino del 2010 entre España y los Países Bajos no se diferencia en nada de un Mirandés-Deportivo de La Coruña. Saber que está en juego la final del Mundial es lo que convierte a ese partido en algo único, capaz de hacerte sentir que cada balón es vital y de provocarte una taquicardia cuando Robben lanza un contraataque contra La Roja. Si, por el contrario, se trata de un partido de la cuarta jornada de Segunda División, un contraataque del rival te puede pillar comiendo pipas y quejándote del árbitro sin excesiva efusividad, porque en realidad te da bastante igual.

Pues pasa exactamente lo mismo con la Fórmula 1. Hay que entender el contexto. Ante un adelantamiento, por ejemplo, hay que ser consciente de que hay diez equipos en la parrilla con objetivos muy distintos, unos con mayores limitaciones que otros. Si un Ferrari o un Red Bull, las mejores escuderías de la parrilla actual, superan a un Williams, uno de los peores monoplazas del Mundial de Constructores, ese adelantamiento es lo normal y no tiene mucho mérito debido a la enorme diferencia de prestaciones. En cambio, si un Williams adelanta a un Ferrari o a un Red Bull en igualdad de condiciones, entenderás que todo el mundo pierda la cabeza. Es ahí donde se empieza a comprender el mérito de un adelantamiento, que también dependerá de la diferencia de neumáticos, del estado de la pista (seco o mojado), del punto del circuito en el que se realice la maniobra y de un largo etcétera. También del piloto, ya que es más esperable una buena pasada de Fernando Alonso que de Lance Stroll, de ahí que si el canadiense es el protagonista te lleves una gran sorpresa.

Hay mil y un aspectos necesarios para entender, saber leer y, sobre todo, disfrutar un Gran Premio. Estoy seguro de que una vez que lo entendáis no podréis despegaros de este deporte. Conozco tantos casos cercanos de gente que siempre había renegado de la Fórmula 1 y ahora es incapaz de salir de casa los domingos de carrera que estoy convencido de ello. Siempre he pensado que, cuando la locura se apodera de esta competición —algo que sucede con frecuencia—, no hay deporte que se le acerque ni lo más mínimo.

Así que con este libro quiero que os encaprichéis tanto como yo de una disciplina que me tiene robado el corazón desde la infancia. He de confesar que, desafortunadamente para vosotros, ni soy un redactor consagrado ni me puedo considerar un experto de la categoría. No obstante, lo que vais a leer en las siguientes páginas es una guía de iniciación escrita con todo el cariño del mundo. Además, toda la información y todas las explicaciones del reglamento deportivo, técnico y financiero, así como todos los tecnicismos de la categoría, los han verificado reputados ingenieros y periodistas del mundo de la Fórmula 1.

Pero está escrito de mi puño y letra, porque sé lo que es aficionarse a este deporte desde niño. En su tiempo me habría encantado encontrar las explicaciones necesarias para entender lo que sucede en el «mundillo» con un lenguaje más llano, contado «con peritas y manzanitas», como decía uno de mis profesores de la universidad. Es por ello por lo que dedico este libro a los jóvenes, aunque esté abierto a todo aquel que quiera engancharse a la categoría reina del automovilismo. Su autor es también un joven que cuando era niño y terminaban las carreras veía otras en DVD, jugaba al *Fórmula 1* de la PlayStation o dibujaba monoplazas y circuitos como método (no) alternativo de diversión. Un joven que los domingos se ríe, se indigna, llora y se emociona con cada Gran Premio desde hace casi veinte años. Un joven que no concibe una buena vida sin este deporte de locos y ricachones. Esta ha sido mi experiencia y en las próximas páginas quiero que empiece a ser la vuestra.

CAPÍTULO 2

CONCEPTOS BÁSICOS

Arrancamos con lo más básico y explicándolo de la forma más simple posible. ¿Qué es esto de la Fórmula 1? La Fórmula 1 es la categoría reina del automovilismo, un Campeonato del Mundo en el que —actualmente— veinte pilotos repartidos en diez equipos compiten por dos títulos: el Campeonato Mundial de Pilotos y el Campeonato Mundial de Constructores. A lo largo de la temporada se disputan más de veinte Grandes Premios, y el que consigue más puntos es el que se lleva los títulos.

Como en cualquier otra competición deportiva que involucre una carrera, el objetivo es ser el más rápido. Los veinte pilotos de la parrilla salen a la vez cuando se apagan las luces del semáforo, y a partir de ahí deben atacar e intentar adelantar a sus rivales para sacar la mayor cantidad posible de puntos. Hoy en día, solamente puntúan los diez primeros.

Las semanas de Gran Premio de Fórmula 1 hay acción en pista de viernes a domingo: el viernes se disputan dos sesiones de **entrenamientos libres**, en los que los pilotos dan sus primeras vueltas al circuito y prueban la configuración del monoplaza; el sábado se celebra una tercera sesión de entrenamientos libres y la clasificación, una ronda en la que se decide el orden de la **parrilla de salida**[1] de la

1. La parrilla de salida es la zona de la recta principal en la que los

carrera del domingo. Los pilotos intentan anotarse la vuelta más rápida, y su clasificación determina su puesto de salida en el Gran Premio. Si un piloto logra el quinto mejor tiempo, saldrá en el quinto cajón de la parrilla, el quinto puesto más adelantado de los veinte que hay en total.

La clasificación del sábado es una sesión vital porque el orden de salida es muy importante. En automovilismo y en motociclismo no sucede lo mismo que en atletismo, donde todos los atletas salen de la misma posición, en igualdad de condiciones. Aquí el orden de salida puede marcar todo tu Gran Premio, porque a pesar de que lleves el mejor monoplaza de la parrilla, si sales último, vas a tener que adelantar a todo el mundo para situarte en las posiciones delanteras. Además, dependiendo del circuito, puedes perder una infinidad de tiempo abriéndote paso con otros pilotos, y eso hace que te alejes muchísimo de los líderes de la carrera, que ruedan solos sin nadie que los estorbe y, por tanto, pueden ir más rápido.

Tras las sesiones clasificatorias solamente nos queda la carrera del domingo, el momento en el que puedes desperdiciar o amortizar el trabajo de todo el fin de semana. Salvo ligerísimas excepciones, se rueda un mínimo de trescientos kilómetros en un máximo de dos horas, con una parada obligatoria en **boxes**,[2] ya que hoy en día, siempre y cuando no llueva, la normativa dice que debes utilizar, como mínimo, dos **compuestos** distintos (dos juegos de neumáticos, para entendernos). Existen mil y un con-

---

monoplazas deben situarse para empezar la carrera, su posición de salida.

2. Los *boxes* son el lugar donde se sitúan los equipos. Delante del *box* se producen las paradas; es ahí donde los mecánicos cambian los neumáticos del coche y llevan a cabo las reparaciones durante la carrera. A los boxes se accede por un carril paralelo a la recta principal, llamado **pit-lane**, donde la velocidad está limitada.

ceptos que intervienen en cada una de las sesiones que se disputan en un Gran Premio, pero ya nos extenderemos en esto más tarde.

A lo largo de todo el fin de semana solo se puntúa en la carrera. Si haces la **pole position**, es decir, si consigues ser el más rápido en la clasificación del sábado, no te llevas ningún punto, pero disfrutas de la enorme ventaja que supone salir al frente del pelotón. El sistema de puntuación ha ido variando: hace muchos años solo puntuaban los seis primeros, posteriormente fueron los ocho primeros y desde la temporada 2010 lo hacen los diez primeros. El ganador se lleva 25 puntos, el segundo 18, el tercero 15, el cuarto 12, el quinto 10, el sexto 8, el séptimo 6, el octavo 4, el noveno 2 y el décimo 1. Y, desde hace poco, quien obtiene la vuelta más rápida en carrera consigue un punto extra, siempre y cuando termine entre los diez primeros.

Eso sí, hay que tener en cuenta que esto sucede en los fines de semana normales. Desde que Liberty Media es la propietaria de la categoría, se están probando formatos experimentales como la F1 Sprint, en la que se sustituyen dos sesiones de entrenamientos libres por una mini-clasificación y una mini-carrera de cien kilómetros. Un fin de semana *sprint* es como tener un pequeño Gran Premio dentro de otro: primero se disputan esas sesiones más reducidas y luego se da paso a la clasificación y la carrera de toda la vida. En la temporada 2021 solo puntuaban los tres primeros clasificados; a partir del 2022, los ocho primeros.

Evidentemente, los Grandes Premios de Fórmula 1 no son eventos donde cunda la anarquía. Durante todo el fin de semana, incluidos los entrenamientos libres, los equipos y los pilotos deben cumplir a rajatabla la estricta normativa de la Federación Internacional de Automovilismo, la FIA, que establece el reglamento técnico, deportivo y financiero de la competición. En cada Gran Premio los monoplazas deben pasar unas inspecciones técnicas para comprobar que no existe ilegalidad alguna con el coche, y los pilotos atenerse al reglamento deportivo siguiendo las indicaciones de la **dirección de carrera**, formada por los **directores de carrera** (actualmente, Niels Wittich en solitario) y por el panel de **comisarios deportivos**, que digamos que actúan como los jueces de cualquier deporte. Son ellos los que deciden si un piloto merece una sanción o no. Cuando consideran que un participante ha infringido una norma, se abre una **investigación**, que puede cerrarse con una sanción o una advertencia, o quedar en nada.

Es bastante común que los aficionados confundan la FIA con la FOM (Formula One Management), pero no tienen nada que ver una con otra. La FIA define los reglamentos de la mayoría de las competiciones automovilísticas de Europa y de todo el mundo; es una organización paralela a la Fórmula 1. La FOM, en cambio, es la empresa de la F1, el grupo que gestiona el campeonato y sus derechos audiovisuales. Digamos que la FIA es lo que la FIFA en el fútbol, mientras que la FOM sería cualquier competición de fútbol que se celebra bajo el reglamento de la FIFA, véase LaLiga.

Como digo, la FOM es la empresa encargada de gestionar los derechos audiovisuales de la Fórmula 1. Produce y distribuye la señal internacional que utilizan las cadenas de televisión para retransmitir los Grandes Premios. Parte de los ingresos que obtiene de la venta de los derechos televisivos se destina a los equipos de la parrilla, que cada año reciben una mayor o menor cantidad dependiendo de su resultado en el anterior Mundial de Constructores. Es decir, si Red Bull gana el Mundial, será el que más reciba; si Williams queda en el último puesto, el que menos. Es por ello por lo que, en una competición tan costosa como la Fórmula 1, terminar más arriba o más abajo en la clasificación del Mundial de Constructores puede significar la vida o la muerte.

Los monoplazas son muy caros. Carísimos. A fin de cuentas, son los vehículos más rápidos del planeta, bólidos con una endiablada aceleración en recta, una extraordinaria capacidad de frenada y una tracción que permite trazar curvas a muy alta velocidad. La Fórmula 1 siempre ha sido un lugar donde innovar, donde invertir para alcanzar la velocidad más alta posible, cueste lo que cueste, mediante una tecnología que más tarde se utilizará en la producción de coches de calle. Cada equipo, o **constructor**, debe construir, como su nombre indica, su propio monoplaza. Hay partes, que luego especificaremos, que se pueden comprar a otros proveedores, pero la gran mayoría debe ser obra tuya. La producción de cada pieza cuesta una auténtica millonada, de ahí que se necesiten decenas de patrocinadores e inversores, incluso **pilotos de pago**,[3] para cubrir esos desorbitados gastos.

Y en este deporte quien termina ganando es el que más trabaja e innova en su monoplaza. Que nadie crea que los monoplazas, una vez construidos, se mantienen igual durante todo el año. Su apariencia a lo mejor es la misma, ya que no puede cambiar mucho de dimensiones, pero en el transcurso de la temporada es vital lanzar **paquetes de mejoras.**[4] Es necesario aumentar constantemente la potencia del motor, retocar la aerodinámica y sacar tiempo de deba-

3. Los pilotos de pago son aquellos que, independientemente de su talento, acceden a la Fórmula 1 por su gran capital financiero o por el apoyo de grandes patrocinadores. Estos pilotos «compran» su asiento a un equipo que necesite ingresos.

4. Los paquetes de mejoras son los cambios que los equipos llevan a cabo en sus coches durante una misma temporada, con el afán de aumentar sus prestaciones, haciendo uso de nuevas piezas y sistemas innovadores.

jo de las piedras. Si no lo haces, los otros equipos te comen. Por eso una escudería que arranca la temporada como la cuarta mejor puede terminar séptima: si no innovas y trabajas sin descanso durante todo el año, otro equipo se lleva el premio gordo.

Esa es la razón por la que ganar en la Fórmula 1 es tan tremendamente complicado. Mantener un equipo en la zona alta de la parrilla requiere un esfuerzo gigantesco por parte de toda la plantilla. Cuando el campeonato llega a su fin, habitualmente entre la última semana del mes de noviembre y las primeras de diciembre, los ingenieros se ponen manos a la obra para tener el nuevo monoplaza listo en febrero del año siguiente, justo a tiempo para la **pretemporada**, la única jornada en la que pueden probar el coche antes de viajar rumbo al primer Gran Premio de la campaña. Durante la temporada siguen trabajando sin cesar ajustándose al presupuesto. Y al final, aunque hayan desarrollado el mejor vehículo, pueden terminar el año con una mano delante y otra detrás si el piloto no aprovecha su rendimiento.

Es un deporte de equipo. A veces un piloto no es capaz de ir rápido pese a contar con uno de los mejores monoplazas, mientras que en otras ocasiones, por muy talentoso y veloz que sea el piloto, ni siquiera alcanzará la zona de puntos si el coche es uno de los peores de la parrilla. Esto último es muy común. Lo inusual es que un gran piloto coincida con un gran equipo. Es ahí donde nacen las estrellas en el automovilismo. Hay gente que se escandaliza por el hecho de que un piloto talentoso no pueda lucirse por no disponer de un buen coche, pero a fin de cuentas este deporte es así. La Fórmula 1 ha sido, es y será una competición de coches. El mejor coche gana. Fin.

Pasa en todos los deportes de equipo: si Cristiano Ronaldo fichara por el Club Deportivo Soneja, brillaría, marcaría la diferencia y lograría sacar de vez en cuando algún resultado inimaginable para una entidad de esa categoría, pero si el resto del equipo no le acompañara, no lograrían destacar; en cambio, un futbolista del Fondeguilla que jugara en el Real Madrid, pese a que su aportación no fuese gran cosa y cometiera errores de bulto, no impediría que la entidad blanca siguiera ganando por su fuerza como equipo.

Pues más de lo mismo en la Fórmula 1. Un caso reciente es el del talentoso piloto británico George Russell. Como el monoplaza que Williams le brindó durante sus primeras tres temporadas no era nada competitivo, casi nunca le veías cerca de la zona de puntos. No podía hacer nada. En cambio, durante esos mismos años, un piloto competitivo sin llegar a ser excelente, Valtteri Bottas, del equipo Mercedes, consiguió muy buenos resultados y subió constantemente al podio aunque no fuera uno de los tres mejores conductores de la parrilla. ¿Por qué? Porque manejaba el mejor coche.

Y esto debe seguir siendo así. Si lo que se busca es una competición en la que todos los pilotos lleven el mismo coche para que solamente destaquen ellos, ya existen categorías **monomarca**[5] con oportunidades para todos (o eso dicen). También hay campeonatos con equipos propios pero con partes más similares en los vehículos y con un menor coste de producción, para que todo el mundo lo tenga más fácil a la hora de ser competitivo. Pero esto es la Fórmula 1. Y la Fórmula 1 significa excelencia, es el campeonato donde están los mejores pilotos, las mejores marcas, los mejores ingenieros y diseñadores y la mayor innova-

5. En automovilismo, una categoría monomarca es aquella en la que todos los pilotos de la parrilla llevan el mismo coche. Ejemplos actuales son la Fórmula 2 y la Fórmula 3 (aunque existen discrepancias sobre esto), la W Series, etc.

ción automovilística. Es lo que la hace única, y no puede ser de otra manera.

Todos los Grandes Premios son fascinantes. Más allá de los adelantamientos y las batallas, cada fin de semana se libra una competición mundial para ver quién cede antes a la presión, quién mantiene la calma y la mente fría pese a trabajar siempre al límite. Es una disciplina que, desde cualquier punto de vista y sea cual sea tu rol, te deja mentalmente exhausto. Todos persiguen la perfección, y, claro, la perfección humana no existe. Y al final siempre se puede terminar cometiendo un error.

En mitad de una batalla puede fallar un piloto, chocando con el rival o fracasando en la defensa de su posición. Pueden fallar los ingenieros, calculando mal la estrategia y echando a perder la buena carrera del piloto. Pueden fallar los mecánicos en la parada en boxes, tardando en cambiar un neumático o lanzando el monoplaza a pista en el momento equivocado. Incluso puede no fallar nada, pero ser el blanco de otro piloto que pierde el control y te deja fuera de carrera. Y, por supuesto, puede fallar el propio monoplaza, por un contratiempo en el motor, en la caja de cambios o en una decena de componentes más que corren el riesgo de romperse antes de lo previsto.

El hecho de que en cualquier momento pueda cambiar absolutamente todo es lo que hace de la Fórmula 1 un deporte impredecible. Muchos, sin ver las carreras, se aventuran a decir que siempre pasa lo mismo, y no pueden estar más equivocados. Sí, es posible que en ciertos fines de semana suceda más o menos lo esperado y ganen los favoritos. Como en cualquier otra disciplina. Pero en algunas carreras, de una vuelta a otra, se producen auténticos giros argumentales que te hacen sentir que estás viendo una película de ficción y no un deporte retransmitido en directo.

Recuerdo el Gran Premio de Hungría del 2021. La parrilla de salida estaba formada por los dos Mercedes al frente con Lewis Hamilton en la *pole,* los dos Red Bull detrás y, a partir de ahí, una melé de McLaren, Ferrari y Alpine, con el AlphaTauri de Pierre Gasly de por medio. Lo de siempre: los grandes delante y los no tan grandes detrás. Pues bien, la carrera terminó con el francés Esteban Ocon llevándose su primera victoria en la Fórmula 1. Lewis Hamilton acabó segundo y Carlos Sainz, con Ferrari, tercero. Y hay que destacar que originalmente fue el Aston Martin de Sebastian Vettel el que ocupó el segundo lugar, pero fue desbancado del podio por una descalificación técnica. Dos de los cuatro Mercedes y Red Bull abandonaron, también un Ferrari; el por aquel entonces líder del Mundial, Max Verstappen, casi quedó fuera de combate; ninguno de los dos McLaren alcanzó la zona de puntos, y los dos pilotos de Williams entraron en el Top 10 por primera vez desde el 2018. Previsible, ¿no? Ajá. Pues predice eso, chato.

Son carreras como esa las que hacen de la Fórmula 1 algo único. Vale, no ocurre en todos los Grandes Premios: la mayoría de las carreras resultan entretenidas sin llegar a tanto, y, por supuesto, algunas incluso son aburridas, porque todo sale genial para los líderes y no hay mucho movimiento por detrás. En España es común el término **carrera procesión** para referirse a este tipo de pruebas, por su parecido con una procesión, donde cada uno va detrás de otro y nadie se mueve de su sitio.

Pero cuando la Fórmula 1 tiene el día, cuando los pilotos están inspirados y se libran batallas entre casi todos los equipos de la parrilla, no hay deporte que llegue a emocionarme tanto. Siento cada carrera como una final del Mundial, independientemente de que sea la primera o la última de la temporada. Es hora y media de un espectáculo brillante sin igual, porque cuando en un Gran Premio pasan cosas que no veías venir ni de lejos, te dejas llevar por la locura.

El no saber muy bien qué va a suceder es genial. En otros deportes puedes llegar a intuir el desenlace: si un equipo de fútbol o baloncesto, o, qué sé yo, un tenista, juega mal, aunque no vaya perdiendo, ves venir lo que puede llegar a pasar. En la Fórmula 1, en cambio, alguien puede darle de pronto por detrás al líder y echarle de la pista. A ese piloto que ahora va primero pueden sancionarle por el accidente, y el liderato pasa entonces a manos de otro, que, sin embargo, puede romper la caja de cambios y quedarse también fuera. Y de repente puede ponerse a llover y que la parrilla entre en ebullición. Claro que, por poder, pueden pasar muchas cosas, pero vaya, ha habido centenares de carreras mucho más locas que el ejemplo que acabo de poner. Son tantas las posibilidades que, por mucho que lleves décadas siguiendo todo tipo de categorías automovilísticas, siempre habrá momentos que te dejen con la boca abierta. Y eso es fascinante.

Quizá no debería decir que la Fórmula 1 sea un deporte extremo, pero sí de muchísimo riesgo. Los tiempos han cambiado y la seguridad en los monoplazas ha alcanzado niveles inimaginables hace relativamente poco; pero, se tomen las medidas que se tomen, el automovilismo siempre será un deporte muy peligroso. Todo parece tan seguro y estamos ya tan poco habituados a presenciar accidentes letales en pista que nos olvidamos de ese aspecto. Además, la retransmisión deportiva nos relaja porque no hay cámara en el mundo que logre transmitir la sensación de velocidad de los bólidos actuales.

Uno solo se da cuenta de la increíble velocidad a la que van estos coches cuando pierden el control, se salen del asfalto y atraviesan zonas por donde no está previsto que rueden. Un buen ejemplo, si tenéis YouTube a mano, es el accidente que sufrió Charles Leclerc en el Gran Premio de Italia del 2020. Cuando traza la curva de entrada a meta —la *Parabolica* o, ahora, *Curva Alboreto*—, ves la señal de la cámara *onboard* y parece que va a medio gas, bastante lento incluso. En cambio, en el instante en que el piloto monegasco pierde el control del monoplaza, uno se da cuenta de la velocidad real a la que iba, por lo rápido que avanza el coche sobre la grava y por la violencia con la que golpea las barreras.

Seguirá habiendo accidentes y sustos; por muchas medidas de seguridad que se sumen, el problema persistirá. Pero la Fórmula 1 jamás se debe conformar con las medidas actuales: siempre hay que ir a por más, para intentar minimizar el riesgo lo máximo posible. Desde la temporada 2018 los monoplazas de la parrilla cuentan con el **halo**, un nuevo sistema de seguridad para proteger la cabeza del piloto que cubre el lugar donde está sentado, el **cockpit**, con tres barras de titanio.

Los aficionados e incluso parte del **paddock**[6] de la Fórmula 1 se mostraron en contra de esta decisión, cuestionando si de verdad era necesario. Pero, mira tú por dónde, si no fuese por el halo habríamos presenciado dos años después el fallecimiento de Romain Grosjean en el Gran Premio de Baréin del 2020. El francés sufrió un accidente terrible y su monoplaza atravesó los guardarraíles, algo que nunca debería suceder. El halo fue lo que abrió los

6. El *paddock* es la zona del circuito que da acceso a los boxes. Por ahí se mueven los pilotos y los trabajadores durante el fin de semana, y es donde se desarrolla todo el negocio de la F1. En el *paddock* toman posiciones los periodistas en la zona de entrevistas para la televisión. Es la zona en la que se sitúan asimismo algunos de los camiones de los equipos, sus *hospitalities*, que son las estructuras portátiles de las escuderías, donde los trabajadores y los pilotos comen, descansan y celebran sus reuniones, y los patrocinadores y VIP siguen las carreras.

guardarraíles y frenó el impacto. De haber ocurrido dos años antes, habría sido la cabeza del piloto lo que hubiera atravesado las barreras. El halo ha jugado un papel importante en varios accidentes desde entonces, como el de Guanyu Zhou en el Gran Premio de Gran Bretaña del 2022, pero el de Grosjean sigue siendo el ejemplo más claro de que ese «sistema innecesario» salva vidas. Es por ello por lo que la FIA no debe cejar nunca en su empeño de proteger al piloto cueste lo que cueste, haciendo oídos sordos a los aficionados contrarios a estas medidas. La seguridad es lo primero.

Por todos estos aspectos pienso que la Fórmula 1 es una categoría deportiva única. El riesgo, la intensidad, la impredecibilidad, la adrenalina... Es algo que no se puede describir en veinte páginas, así que habrá que ir más al detalle.

CAPÍTULO 3

LOS PILOTOS

Reconozco que lo normal en una guía de iniciación a la Fórmula 1 sería empezar hablando de los monoplazas, ya que son el sustento de la competición, pero siempre he considerado un error ocuparse a las primeras de cambio de alerones, de **bargeboards**[1] o del MGU-H ante un público sin conocimientos en este deporte. Más que detalles sobre los monoplazas, lo primero que entienden es que hay gente que los conduce. Así que habrá que empezar por ahí: por los pilotos.

Como ya he dicho, los pilotos son los que se llevan la gloria, los que ocupan los titulares de la prensa, los que se juegan la vida manejando sus máquinas por los mejores circuitos del mundo, pero a fin de cuentas no dejan de ser uno más en el equipo. La Fórmula 1 ni es ni debe ser una categoría en la que todos los participantes tengan las mismas oportunidades de ganar. Esa es, quizá, su mayor diferencia con otros deportes: en muchas ocasiones, ganar o perder no dependerá del piloto, sino de la máquina que conduzca.

Muchos consideran que esto es injusto, porque impide que los pilotos más talentosos muestren su valía, pero esto

1. Los *bargeboards* son elementos aerodinámicos situados entre las ruedas delanteras y los pontones que redirigen el aire para mejorar la refrigeración del monoplaza y reducir el *drag* (es decir, la resistencia que el aire opone al avance del coche), entre otras ventajas. Se limitaron mucho en el 2022.

ha sucedido, sucede y sucederá siempre. Es lo que hay en una categoría donde lo más importante es el coche. Bien es cierto que antaño la distancia entre los coches participantes era menor y un piloto podía marcar más la diferencia que hoy en día, ya que los Fórmula 1 no estaban tan avanzados y no requerían de una inversión tan inmensa como en la actualidad. Pero sucedía. Si no, que se lo digan a los pilotos de la Scuderia Minardi, equipo que durante más de veinte años no consiguió salir de la zona baja de la parrilla. Y anda que no pasaron pilotos talentosos por esa escuadra, desde Pierluigi Martini hasta Fernando Alonso.

Pueden darse casos de Grandes Premios alocados en los que un piloto de una escudería modesta dé la sorpresa, pero ya os puedo asegurar que cualquier piloto de los que figuran en lo alto de los listados históricos está ahí porque, más allá de su talento, condujo un gran monoplaza. En los últimos años, grupos de aficionados intentan restar valor a los siete títulos mundiales obtenidos por Lewis Hamilton, afirmando que no merece igualar la leyenda de Michael Schumacher porque esos campeonatos los ha ganado pilotando para el equipo dominante de esta era híbrida. Sin entrar en este debate, ya que nos llevaría años llegar a una conclusión, me pregunto con qué coches piensan que Schumacher se llevó sus siete campeonatos.

¿CÓMO SE LLEGA A LA FÓRMULA 1?

Llegar a la Fórmula 1 como piloto es tremendamente complicado. En la actualidad solo hay veinte asientos disponibles, y tras cada temporada no se suelen liberar más que dos o tres plazas para pilotos debutantes. Oportunidades hay pocas, la competencia es muy grande y la exigencia una vez que aterrizas en el *paddock* es inmensa.

Habitualmente, los pilotos de la Fórmula 1 empiezan en el *karting* desde muy pequeños, algunos en edad de benjamines. Una vez que han completado varios campeonatos a nivel nacional e internacional y han alcanzado la edad mínima para correr en monoplazas, que varía en cada país (catorce años en Dinamarca, dieciséis en España, etc.), dan el salto a las categorías júnior.

En estos campeonatos de formación se instruye a los pilotos y se les pone a prueba en situaciones complejas. Para valorar quién tiene más talento sobre la pista, todos los equipos de estas categorías compiten con el mismo monoplaza. Esto no quiere decir, sin embargo, que todas las escuderías sean iguales, porque las hay que disponen de mejores instalaciones, más patrocinadores y, por ende, más presupuesto, de modo que terminan imponiéndose pese a llevar el mismo monoplaza que el resto. PREMA Racing, por ejemplo, suele dominar el cotarro y sacar mucha ventaja a otros como Trident o el equipo español Campos Racing.

En estas categorías, al igual que en la Fórmula 1, los pilotos disputan sesiones de entrenamientos libres, una clasificación para exprimir su velocidad pura a una vuelta y la carrera propiamente dicha, en la que tienen que gestionar las gomas y, según las circunstancias, atacar o defenderse. Pero en estas categorías lo habitual es participar en dos o más carreras cada fin de semana para probar distintos escenarios.

Evidentemente, se disputa una carrera cuyo orden en la parrilla de salida depende del resultado de la clasificación. Es la prueba más importante, la que dura más vueltas y la que reparte más puntos en el campeonato. Pero también se celebra una carrera que aplica la **parrilla invertida**, donde el Top 8 o el Top 10 (varía según el campeonato) está al revés respecto al resultado de la clasificación, es decir, el que se clasifica octavo sale el primero y el que se lleva la *pole* sale octavo. Esto no se hace para mejorar el espectáculo (que también), sino para poner a prueba a los pilotos y ver cómo gestionan sus ritmos de carrera en otras posiciones. Porque puedes tener a un piloto que a una vuelta sea brillante, que saliendo el primero te borda la carrera y la gana. Pero ¿qué pasa si a ese piloto lo metes en medio del pelotón? Hay que ver cómo ataca. Hay que ver cómo cuida sus neumáticos, ya que adelantando y probando trazadas distintas se desgastan más que corriendo sin nadie delante. Hay que meterle más presión y ver si así comete errores. De esta manera pruebas todas y cada una de las cualidades de los pilotos y ves salir a flote sus carencias.

Hay pilotos que a una vuelta son rapidísimos, pero en carrera son incapaces de cuidar los neumáticos y terminan siendo más lentos que los demás. Algunos tienen bastante facilidad para adelantar, y otros son menos atrevidos o miden peor y causan más accidentes. Los hay que mantienen la calma en toda la carrera y otros que se enervan a la mínima. Algunos pilotos quizá tienen menos ritmo pero más consistencia, y otros son increíblemente veloces aunque más propensos al error. A la hora de fichar a un piloto es vital conocer todo esto y saber exactamente si va a encajar en tu equipo.

La primera disciplina de monoplazas que prueban los jóvenes pilotos tras abandonar el *karting* es la Fórmula 4. Existen muchos campeonatos regionales de Fórmula 4 en Europa y en el mundo, pero siempre los hay que tienen un nivel más alto, por mucho que se compita bajo un mismo reglamento o uno similar. Hoy en día, una victoria en la Fórmula 4 Española, Italiana o Alemana, por ejemplo, tiene más valor que una en la Fórmula 4 Noreuropea o en el NACAM.

Una vez concluido el período en la Fórmula 4, lo normal es pasar por la Fórmula 3 y la Fórmula 2 antes de dar el salto a la Fórmula 1, pero existen muchos más campeonatos intermedios, como la Fórmula Regional Europea, la

Fórmula Alpine o incluso la EuroFormula Open, que están un pasito por detrás de la actual FIA Fórmula 3, aunque no en cuanto a espectáculo y calidad, sino al valor de la victoria de cara a subir a la Fórmula 1.

Y ya en la Fórmula 2 llega un momento crucial: o tienes la oportunidad de alcanzar la Fórmula 1 o toca buscar otras alternativas. Aunque seas un piloto de gran talento y ganes el campeonato, nada te asegura un asiento en la categoría reina si no hay vacantes disponibles. Y, claro, en la Fórmula 2 no te puedes quedar de por vida, porque simplemente sirve como lanzadera para la Fórmula 1. En la Fórmula 2, de hecho, los pilotos ni siquiera cobran, sino que pagan por estar ahí, como ocurre en otras categorías de promoción. Es lo que cuesta subir al Gran Circo.

Por eso, últimamente muchos pilotos optan por mantenerse en categorías de monoplazas fuera de la órbita de la Fórmula 1, como la Súper Fórmula japonesa o la IndyCar norteamericana, o directamente prueban otras disciplinas automovilísticas, como la de los turismos. A algunos pilotos, como a Pierre Gasly y Stoffel Vandoorne, trasladarse a la Súper Fórmula les sirvió para dar un pasito adelante en lo que respecta al nivel de los monoplazas mientras «esperaban» a que saliese una vacante en la Fórmula 1.

El caso más reciente es el del piloto Oscar Piastri. El joven australiano completó uno de los mejores pasos por categorías de promoción de los últimos años, ganando tres campeonatos de forma consecutiva: los de la Fórmula Renault Eurocup en el 2019, la Fórmula 3 en el 2020 y la Fórmula 2 en el 2021, estos dos últimos en su temporada de debut. Entre los pilotos de F1 actuales, solo George Russell y Charles Leclerc, que compiten en dos grandes equipos (Mercedes y Ferrari respectivamente), han sido capaces de lograr esta proeza. No obstante, a pesar del enorme talento y los grandes resultados de Piastri, no tuvo hueco en la parrilla de la Fórmula 1 en el 2022, por lo que se vio obligado a esperar, hasta que finalmente pudo debutar en el 2023 con el equipo McLaren.

Aun así, lo verdaderamente complicado para estos jóvenes no es aterrizar en la categoría reina, sino mantenerse. En este campeonato, sobre todo en tus primeras temporadas, debes demostrar tu valía constantemente, debido a lo cotizados que están esos asientos por la poca disponibilidad. Y creedme que hacer un buen papel en tus primeros Grandes Premios es un auténtico reto.

Una vez que estás a los mandos de un F1, de nada vale el palmarés. No importan ni el talento ni el dominio en las categorías júnior. Hay equipos con pobres resultados que no se pueden permitir el lujo de esperar a que alcances tu potencial, necesitan resultados ya. Así que si no cumples, a la calle. Sin pensarlo dos veces.

En la temporada 2023 pudimos comprobarlo con el despido de Nyck de Vries. El neerlandés hizo su debut como piloto oficial en el equipo AlphaTauri con veintiocho años, una edad realmente tardía. Venía de ganar el Campeonato de Fórmula 2 en el 2019 y el de Fórmula E en la temporada 2021-2022, pero nunca convenció a ningún equipo de la Fórmula 1.

¿Por qué este señor no interesaba a nadie en el Gran Circo? Pues, primero, porque ganó la F2 al tercer intento y en un año en el que el nivel de la categoría fue bastante bajo (el segundo clasificado fue Nicholas Latifi); y, segundo, porque la Fórmula E es tan radicalmente distinta a todo lo demás que tampoco puedes estar seguro de que quien triunfa allí lo hará también en la F1.

Sin embargo, tras un buen e inesperado debut como sustituto de Alex Albon en el Gran Premio de Italia del 2022, recibió la llamada de AlphaTauri para ser su piloto titular en el 2023. Pero el equipo seguía mostrándose escéptico. Su propio jefe, Franz Tost, no tuvo pelos en la lengua y reconoció públicamente que De Vries era su tercera opción. Prefería a otros pilotos, y hasta dijo sus nombres, pero desafortunadamente tuvo que quedarse con este.

Era la oportunidad perfecta para brillar ante tanto escepticismo, pero Nyck no anduvo nada fino. Cometió muchos errores, sufrió accidentes y salidas de pista, y llevó un ritmo muy flojo comparado con el de su compañero Yuki Tsunoda, que tampoco es que sea el mejor piloto de todos los tiempos. ¿Resultado? Despedido tras diez Grandes Premios. Ni siquiera completó la mitad de la temporada.

Algo parecido, aunque gozó de más oportunidades, le sucedió a Mick Schumacher. El hijo del heptacampeón del mundo Michael Schumacher debutó, envuelto en una enorme expectación, con el equipo Haas en la temporada 2022, después de haber ganado los campeonatos de Fórmula 3 en el 2019 y Fórmula 2 en el 2021. Pero ya en esas temporadas en categorías de promoción se pudo observar un rasgo, más bien un defecto, del piloto alemán: le costaba más que al resto dominar el monoplaza.

Hay gente que se adapta con facilidad a un nuevo coche y enseguida encuentra el mejor ritmo posible. Max Verstappen es un ejemplo de ello. Pasó directamente del *karting* a la Fórmula 3, y al cabo de un solo año subió a la Fórmula 1; una única temporada en monoplazas, cuando lo normal es estar entre tres y cinco. Para la gran mayoría es imposible, y para Mick, desde luego, también lo era.

Siempre que Mick subía de categoría, su primera temporada con el nuevo monoplaza era floja; solo a partir del segundo año lograba ir realmente rápido. Esos títulos de F3 y F2 los ganó al segundo intento, y en la Fórmula 1 pasó lo mismo: sus mejores actuaciones llegaron en su segunda temporada, especialmente en la segunda mitad del campeonato.

Pero el equipo Haas, uno de los peores de la parrilla, no podía esperar eternamente a que su talento terminara de explotar. Que sí, que el tío promete; por descontado, no tanto como su padre, pero tiene cositas. Sin embargo, necesitamos resultados. Así que la escudería estadounidense decidió prescindir de sus servicios al término de la temporada 2022 y fichó a un piloto más experimentado como Nico Hülkenberg para la siguiente campaña.

Todo esto demuestra que, independientemente de tus resultados en categorías júnior, nada te asegura el éxito en la Fórmula 1. También está el caso reciente de Stoffel Vandoorne, que arrasó en la GP2 Series y prometía ser uno de los grandes talentos del futuro, pero en dos temporadas en la Fórmula 1 fue humillado por su compañero, Fernando Alonso. Y en la parrilla nadie se interesó nunca más por él como piloto titular.

Por otra parte, cabe destacar que estos pilotos no son necesariamente malos por no haber encajado en la Fórmula 1. No por ser el descarte de una escudería tienes menos talento que otros: sencillamente, puede que estés en el sitio y el momento equivocados.

Sébastien Buemi, piloto suizo, duró tres años en la Fórmula 1 con el equipo Toro Rosso. Le echaron porque no tenía «madera de campeón». Desde entonces, ha ganado cuatro veces las 24 Horas de Le Mans y es tricampeón del mundo del WEC, el Mundial de Resistencia. También ha conquistado el Campeonato de Fórmula E.

Brendon Hartley, más de lo mismo: tres veces ganador de las 24 Horas de Le Mans y tricampeón del mundo del WEC.

Antonio Giovinazzi, uno de los últimos descartes de la Fórmula 1, ganó con Ferrari una edición histórica de las 24 Horas de Le Mans en el 2023.

En las Américas terminó triunfando Takuma Sato, un piloto considerado kamikaze en Fórmula 1 que ya ha ganado dos veces las 500 Millas de Indianápolis. Otros pilotos que pasaron sin pena ni gloria por la categoría reina, como pueden ser Marcus Ericsson o Alexander Rossi, también han conquistado esta mítica carrera en los últimos años.

Así podría estar un buen rato. Como veis, los grandes campeones de la Fórmula 1 consiguen escribir su nombre en los libros de historia por su talento, pero también por haber formado parte del equipo adecuado. Solo cuando tu monoplaza es competitivo y sabes aprovechar la oportunidad, es decir, cuando todos los astros se alinean, logras convertirte en una estrella. Y eso está al alcance de muy pocos. En setenta y cuatro años de historia, tan solo 34 hombres se han proclamado campeones del mundo.

LOS PILOTOS DE PAGO

Lo que acabáis de leer es la historia simple y «bonita» de cómo los pilotos de Fórmula 1 se abren paso en un mundo muy complicado y hacen realidad sus sueños tras arduas peleas. Pero en esta categoría no es posible obviar el papel de las grandes corporaciones ni de los inversores y patrocinadores.

Antes os hablé del joven australiano Oscar Piastri, el *rookie* con más talento de los últimos tiempos. Este piloto causó sensación en la temporada 2023, lo cual no fue del todo impredecible, ya que en las categorías júnior saltaba a la vista su enorme talento. Sin embargo, Piastri pudo haber debutado en la temporada 2022 y ningún equipo le dio la oportunidad. ¿Cómo puede ser? ¿Por qué nadie iba a querer darle un asiento viendo lo prometedor que era?

Al final esto dio un poco igual, porque Piastri terminó debutando la temporada siguiente, pero hay muchos que no pueden decir lo mismo. Desafortunadamente, es bastante común que pilotos talentosos se queden esperando en busca de un hueco en el campeonato mientras otros ocupan sus asientos con un menor palmarés..., pero una mayor cartera.

Y es que, para llegar a la Fórmula 1, o pagas tú o pagan por ti, pero alguien debe pagar. No hay más. Pensad que el automovilismo es carísimo en todas y cada una de sus categorías, no solo en la categoría reina. En la mayoría de las ocasiones, los equipos no son capaces de cubrir los inmensos gastos que conlleva participar en estos campeonatos solamente con el dinero de patrocinadores e inversores.

Necesitan otra vía de ingresos. Y hace ya muchos años que los equipos descubrieron que esa vía podía venir directamente de los propios pilotos: ricachones que quieren competir por capricho y están dispuestos a pagar por ello. Es muy frecuente, de ahí que muchos equipos se conformen con estos pilotos: te procuran peores resultados deportivos, pero con su dinero te permiten seguir compitiendo. Las gallinas que entran por las que salen, sin duda.

Para hacernos una idea: un piloto, para completar una temporada de *karting*, lo más básico, debe desembolsar entre 45 000 y 55 000 euros anuales. Para una temporada de Fórmula 4, más de 200 000. Y a partir de la Fórmula 3 y la Fórmula 2 la cifra puede moverse fácilmente entre el medio millón y el millón y medio de euros. Esto sin contar el transporte, la alimentación, las jornadas de prueba en circuitos cerrados y un largo etcétera.

Este coste es bárbaro si se compara con la inversión que exigen otras disciplinas deportivas. Equipos pequeños y familiares sufren para cubrir estos gastos. Por eso los pilotos que pretendan llegar a la Fórmula 1 necesitan dos cosas debajo del brazo: talento... y dinero. Y creedme: gente con talento hay mucha, pero con talento y dinero, no tanta.

Es aquí donde nace el concepto de **piloto de pago**, la etiqueta que se les pone a todos aquellos pilotos que logran crecer en el mundo del automovilismo gracias, en gran medida, a su patrimonio o al gran apoyo de patrocinadores personales.

Estos pilotos son muy mal vistos por los aficionados: consideran vergonzoso que frenen la ascensión de otros pilotos con más talento. Y no les falta razón. Pero no es nada nuevo. Al ser una disciplina tan costosa, la figura del piloto de pago ha existido siempre en la Fórmula 1 y en toda categoría automovilística que se precie.

Ya en la década de 1950 e incluso antes, en tiempos previos a la creación del actual Campeonato del Mundo, la parrilla estaba repleta de pilotos de pago. En los primeros años de la Fórmula 1 era común tener tres o cuatro equipos en pista como mucho; los demás eran casi todos *gentlemen drivers* y pilotos locales que compraban un bólido por su cuenta y pagaban la inscripción para apuntarse al cotarro.

Hasta tuvimos aristócratas en las parrillas de salida. En España, desde luego, al mejor: el marqués Alfonso de Portago. Un auténtico *gentleman driver*, un *playboy* y un pionero de los años cincuenta que probó suerte en todo tipo de disciplinas deportivas. Participó en el Grand National de hípica, la carrera de caballos más importante del mundo; lideró el primer equipo español de *bobsleigh* (trineo) que tomó parte en unos Juegos Olímpicos de Invierno; y, sí, fue el primer español en subir al podio en un Gran Premio de Fórmula 1. Nada más y nada menos que con la Scuderia Ferrari. Si no conocíais su nombre, aparcad el libro un momento y buscadlo en internet. Su historia es de película.

Con el paso de los años, los costes de un equipo de automovilismo han ido en aumento a la par que la complejidad técnica. Y esto hace que cada año este deporte esté al alcance de menos mortales. Por esta razón nunca ha desaparecido la figura del piloto de pago y quizá nunca desaparezca: de algún lugar tiene que salir el dinero.

Si venís de otros deportes, puede que se os hayan puesto los ojos como platos al leer esto, y la verdad es que sí, no os voy a engañar: la mayoría de los pilotos de pago recientes eran peores al volante que yo. Pero insisto en que hasta el equipo más pequeño debe afrontar un gasto multimillonario, así que a menudo no queda otra que dejar que el ricachón de turno te destroce el coche.

Mi caso favorito es el del israelí Chanoch Nissany. A este señor, prominente hombre de negocios en su país y aficionado al automovilismo, se le antojó debutar en fórmulas júnior... con treinta y ocho años. Se coronó campeón en la frenética Fórmula 2000 Nacional de Hungría y, poco a poco, fue añadiendo ceros a sus cheques hasta llegar al mundo de la Fórmula 1. Entre el 2004 y el 2005 pagó a los equipos Jordan y Minardi (los más necesitados) para completar multitud de test privados en los que rodaba 18 segundos más lento que el primer clasificado.

Y, para celebrar por todo lo alto su 42.º cumpleaños, Nissany tuvo la oportunidad de debutar oficialmente en unos entrenamientos libres del Gran Premio de Hungría del 2005. Rodó 12 segundos más lento que el líder, se quejó de que el coche tenía «demasiado agarre» y se quedó atascado en la gravilla tras una salida de pista. Cuando fue la grúa a socorrerle, se quedó dentro del coche porque no sabía cómo quitar el volante para salir, así que se llevaron el monoplaza con Nissany en su interior; no salió hasta varios minutos después. El dinero quizá no da la felicidad, pero sí estas joyas.

Y lo mejor de todo es que de tal palo, tal astilla, porque su hijo Roy Nissany sigue sus pasos. Tiene veintiocho años y compite en Fórmula 2. Para que os hagáis una idea: Fernando Alonso solo estuvo dos años en categorías júnior de monoplazas antes de dar el salto a la Fórmula 1. A Max Verstappen le bastó con uno. A Kimi Räikkönen, con 23 carreras en total. Roy Nissany, en cambio, lleva catorce años compitiendo en categorías inferiores. No hace falta añadir nada más, supongo.

Así que ya veis que de vez en cuando te puedes encontrar auténticos personajazos que irrumpen en el mundo del automovilismo con el único objetivo de pasar un buen rato mientras se dejan la billetera. Pero aquí hay que abrir un paréntesis muy importante: no todos los pilotos de pago son tan malos. Los ha habido muy muy buenos, y es por ello por lo que el concepto de piloto de pago no es necesariamente negativo.

Sigáis el campeonato o no, estoy seguro de que os sonará el nombre de Niki Lauda. Quizá visteis su película *Rush* (peliculón, por cierto). Tricampeón del mundo. Historia viva del campeonato. Y, sí, fue un piloto de pago.

Sin apoyo familiar ni oportunidades, Lauda pidió un crédito al banco gracias al cual fue abriéndose paso hacia la Fórmula 1. El piloto austríaco prometía, sí, pero aceleró su acceso al Gran Circo a golpe de talonario. Fue su gran talento y maestría al volante lo que le permitió triunfar y ser considerado como uno de los grandes campeones de la categoría, pero no olvidemos que, de no ser por el dinero, seguramente ni siquiera podría haber entrado en la Fórmula 1.

Muchos otros pilotos siguieron los pasos de Niki e hincharon a equipos de dinero para competir con los grandes. Lo habitual era acudir a escuderías pequeñas con mayor necesidad económica para asegurarse la presencia en el campeonato y luego esperar a subir a otros equipos por méritos propios. O, al menos, intentarlo.

Estos equipos más humildes aceptaban a los pilotos de pago porque no tenían otra, era o eso o no competir. Y es que no sabéis cuántos duros han llegado a poner encima de la mesa para entrar en este deporte. Ofertas que los equipos no podían rechazar, a lo Padrino.

Uno de los casos más exagerados seguramente sea el del brasileño Pedro Diniz. Este piloto compitió en la Fórmula 1 entre 1995 y el 2000. Sus resultados en otras categorías eran inexistentes, pero llegó a la F1 aportando mucho capital al nuevo equipo Forti. Para que os imaginéis cuánto dinero estaba invirtiendo: abandonó la escudería tras una sola temporada, y Forti desapareció poco más de seis meses después y no volvió a competir jamás en ninguna categoría; quebró la estructura entera.

Por otra parte, hay equipos que nunca han aceptado pilotos de pago en sus filas o solo han recurrido a ellos cuando no tenían otra alternativa. El equipo Minardi, por ejemplo, compitió en la categoría reina durante veintiuna temporadas. Nunca triunfó, nunca superó el séptimo puesto en el Mundial de Constructores. Pero aunque arrancaba cada año muy apurado en lo económico, nunca quiso depender de pilotos de pago.

Por las filas de Minardi pasaron pilotos como la copa de un pino: Pierluigi Martini, Alex Zanardi, Alessandro Nannini, Michele Alboreto y muchos más. En cuanto a españoles, nombres legendarios: Adrián Campos y Luis Pérez-Sala, que además formaron la única dupla cien por cien española de la historia de la categoría. Pasados unos años, llegaron jóvenes talentos como Giancarlo Fisichella, Jarno Trulli, Mark Webber, nuestro Marc Gené y, cómo no, Fernando Alonso.

Pero muy a pesar de Giancarlo Minardi, que siempre apostó por el talento, su estructura tuvo que empezar a depender de pilotos de pago conforme los ingresos caían y los gastos no paraban de aumentar. Y de esta filosofía protalento se pasó a la filosofía prosupervivencia del australiano Paul Stoddart. En la temporada 2002, el nuevo dueño del equipo no se escondió y declaró abiertamente que «ningún piloto logrará un asiento en mi equipo a no ser que traiga patrocinios sustanciales». Tres años después, Minardi fue vendida al grupo Red Bull.

Y esto no solo les ha sucedido a equipos humildes. La escudería Williams gozó de gran éxito, especialmente en la década de los noventa. Ganaron cinco Mundiales de Constructores y cuatro de pilotos, y contaron en sus filas con auténticas leyendas como Ayrton Senna, Alain Prost y Nigel Mansell, y con campeones como Jacques Villeneuve y Damon Hill, entre otros. No obstante, durante la década de los 2000 el equipo cayó en picado: malos diseños de monoplazas, un sinfín de alianzas fallidas con fabricantes de motores, etc. Si los resultados no acompañan, los patrocinadores tampoco. Y, sin dinero, Williams pasó en cuestión de años de tener al volante a leyendas de este deporte a contar con gente como Pastor Maldonado, Bruno Senna (sí, el sobrino de Ayrton), Lance Stroll, Sergey Sirotkin o Nicholas Latifi. Solo así pudieron mantener una estructura histórica que, por suerte, todavía se mantiene con vida, y con mejores pilotos.

Sabiendo esto quizá todo cambia, ¿no? Si un piloto de pago logra que un equipo sobreviva, ¿es héroe o villano? Depende de cómo lo mires. En el caso de Williams, los pilotos de pago la salvaron de la bancarrota y mantuvieron a flote una escudería que luego ha dado oportunidades a jóvenes con verdadero talento, como es el caso de Alex Albon en la actualidad.

Uno de los casos más llamativos de estos últimos años es el del canadiense Lance Stroll. Este joven llegó a la Fórmula 1 gracias a la constante inversión multimillonaria de su padre, el billonario Lawrence Stroll. Ganó categorías júnior, sí, entre ellas la prestigiosa Fórmula 3 Europea en el 2016, pero lo hizo con un fortísimo apoyo económico que convirtió a PREMA Racing en una estructura invencible. En ocasiones, sus compañeros de equipo le dejaban pasar cumpliendo órdenes de los jefes, lo cual es entendible en Fórmula 1, pero incomprensible en categorías júnior.

Llegó a la Fórmula 1 precisamente de la mano de Williams, y puede que fuera un villano por ocupar el asiento de algún otro piloto con talento. Pero entre las temporadas 2018 y 2019 su padre salvó al equipo Force India de la bancarrota, compró su estructura y fundó Racing Point, actual Aston Martin. «A cambio de» meter a su hijo como piloto oficial, hizo que cientos de personas conservaran su empleo y formó un equipo que ahora tiene la capacidad de brillar con Fernando Alonso a los mandos. Entonces, ¿qué son los Stroll? ¿Héroes o villanos? Yo creo que ni una cosa ni la otra. Los pilotos de pago son, sencillamente, parte esencial del automovilismo.

Es un tema curioso este, el de los pilotos de pago, porque luego están los pilotos con mucho mérito deportivo pero que llegan a la Fórmula 1 con el auspicio de marcas y patrocinadores que invierten mucho dinero en ellos. ¿Se debe considerar a estos pilotos como pilotos de pago?

Sin ir más lejos, en nuestras tierras vimos como un piloto de grandísimo nivel y con muy buen palmarés, Marc Gené, llegaba a la Fórmula 1 con un gran apoyo económico de Telefónica, mientras que Pedro Martínez de la Rosa contaba con el patrocinio de Repsol. Evidentemente, ambos acumulaban méritos para subir a la Fórmula 1, y allí demostraron su gran talento (de hecho, son dos de los mejores pilotos de la historia reciente de nuestra nación). Pero sin esos patrocinadores..., ¿quién sabe cuándo y cómo habrían debutado?

Lo que quiero decir con esto es que, en cierta medida, todos los pilotos de Fórmula 1 son pilotos de pago. Algunos tienen más talento y otros menos, algunos tienen más dinero y otros menos, pero rara vez los mejores pilotos han accedido a la Fórmula 1 sin un empujón económico. Y como dije antes: o pagas tú o alguien paga por ti.

LOS PROGRAMAS DE JÓVENES PILOTOS: LA CANTERA

Pero que no parezca que son todos pilotos de pago, oye. En tiempos recientes, la parrilla de Fórmula 1 ha ido sumando sin parar pilotos con mucho talento, y esto es fruto de los **programas de jóvenes pilotos**, una novedad con respecto a las carreras del siglo XX.

Los programas de jóvenes pilotos, una especie de cantera, son hoy en día las principales lanzaderas hacia la Fórmula 1. Cada equipo ojea a los pilotos en las carreras de las categorías inferiores y ficha a los que considera más prometedores. El joven elegido recibe patrocinio y apoyo económico para seguir compitiendo y subiendo de categoría, y, como contrapartida, el equipo en cuestión se asegura tenerle ya firmado si alcanza el nivel para dar el salto a la Fórmula 1, evitando de esta manera que otra escudería le eche mano.

En la actualidad, prácticamente todos los equipos grandes cuentan con su propio programa de jóvenes pilotos, aunque las academias más reconocidas son las de Mercedes, Red Bull, Ferrari, McLaren y Alpine. Y los que no tienen su «cantera» colaboran con estas escuderías. Por ejemplo, AlphaTauri sirve como primera toma de contacto para los jóvenes pilotos del programa de Red Bull. Haas e incluso Alfa Romeo (actual Sauber) trabajan activamente con Ferrari y ya han dado la oportunidad a pilotos de la academia de los italianos como Mick Schumacher, Antonio Giovinazzi o Charles Leclerc. Y Williams, que colabora con el equipo Mercedes, ha permitido el debut de George Russell en la Fórmula 1 antes de su fichaje por el equipo grande.

El más exitoso es, sin duda, el programa de jóvenes pilotos de Red Bull, aunque también es conocido por su enorme exigencia. Pilotos de la parrilla actual como Max Verstappen, Carlos Sainz, Daniel Ricciardo, Pierre Gasly o Yuki Tsunoda debutaron en la Fórmula 1 de la mano de los austríacos.

El Junior Team de Red Bull normalmente mantiene en sus filas de cuatro a siete pilotos durante su paso por las categorías de formación. Si dan la talla para estar en la Fórmula 1, debutan en el equipo AlphaTauri (antiguo Toro Rosso) y, al cabo de un par de años, pueden ascender al equipo principal si han logrado buenos resultados.

Precisamente por el gran número de pilotos en sus filas y por la enorme inversión en sus carreras deportivas, Red Bull les mete mucha presión. Cuando un piloto entra en este programa, sabe que o empieza a ganar o está fuera, y si el equipo empieza a desconfiar de él, puede dejarle fuera del programa incluso a mitad de temporada. Bien conocido es el caso del español Jaime Alguersuari, que, habiendo llegado a un acuerdo verbal con el equipo Toro Rosso para seguir en la Fórmula 1 en el 2012, recibió una noche una llamada comunicándole que habían cambiado de opinión y que tanto él como su compañero de equipo estaban fuera. Bastante duro, pero a fin de cuentas es su dinero, y cada uno hace con su dinero lo que quiere.

Se ha de añadir, eso sí, que Red Bull ya no es tan exigente con sus pilotos como antaño. Al descartar a tantos jóvenes con tanta rapidez, la marca de bebidas energéticas «quemó» demasiados perfiles en muy poco tiempo y empezó a sufrir escasez de pilotos con talento.

Es por ello por lo que desde la temporada 2021 no debuta como titular ni un solo piloto de la cantera Red Bull. Red Bull tuvo que contratar a Checo Pérez ese mismo año por no haber encontrado a nadie lo suficientemente talentoso en el Junior Team. El mexicano se convirtió en el primer no canterano de Red Bull desde Mark Webber (2007-2013).

Y en AlphaTauri, como ya he comentado, tuvieron que contratar en la temporada 2023 los servicios de Nyck de Vries, que ni era joven ni había salido de la cantera. Pero prescindieron abruptamente de sus servicios y se encomendaron a su viejo amigo Daniel Ricciardo para que salvara al equipo en la peor temporada de su historia, y solo cuando el australiano se lesionó confiaron en Liam Lawson, este sí canterano, que ocupó su puesto en cinco Grandes Premios.

Lo malo de la Fórmula 1 de hoy en día es que los jóvenes no tienen muchas oportunidades para probar los monoplazas. Hace años era muy común la figura del **piloto probador**, o **tercer piloto**, que además resultaba muy útil. Actualmente, rara vez les permiten tocar un monoplaza.

Por poner un ejemplo, cuando nuestro Pedro Martínez de la Rosa fue probador de McLaren en el 2005, participó en 37 días de test y recorrió 12 477 kilómetros a los mandos del McLaren MP4-19 y del MP4-20. Además, tomó parte en 24 sesiones de entrenamientos libres y en un Gran Premio, el de Baréin, sustituyendo a Juan Pablo Montoya. Esto suma un total de 16 016 kilómetros en un solo año. El piloto titular, Kimi Räikkönen, recorrió 16 489, contando las carreras. Vaya, prácticamente lo mismo.

En cambio, ¿sabéis cuántos kilómetros recorrió en la temporada 2022 Théo Pourchaire, piloto probador de Alfa Romeo y vigente campeón de la Fórmula 2? Pues la raquítica cifra de 665.

Esto se debe a las grandes restricciones de jornadas de test que impone la Fórmula 1. Hace dos décadas, los equipos podían rodar cuando les diera la gana. En la temporada 2005, por ejemplo, Ferrari utilizó cuarenta días su circuito privado de Fiorano para realizar pruebas.

Sin embargo, desde el 2009 la FIA prohíbe los test entre el primer Gran Premio de la temporada y el último día del año, con el objetivo de abaratar costes, y el rol del piloto probador ha pasado a un segundo plano. Para que los jóvenes pilotos puedan prepararse, se celebra un test dirigido a ellos tras el último Gran Premio, y los equipos están obligados a darles la oportunidad de subirse a un monoplaza en dos sesiones de entrenamientos libres al año como mínimo. Pero, obviamente, es insuficiente.

Ahora es más habitual el concepto de **piloto de desarrollo.** Al no poder probar en pista, los jóvenes pilotos trabajan en las fábricas de los equipos junto con los ingenieros y prueban día sí y día también en el simulador. Ahí, la escudería prueba virtualmente distintas configuraciones del coche, y el piloto aporta sus sensaciones, que son clave para determinar si vale la pena fabricar las nuevas piezas o no.

De vez en cuando, dentro de las estrictas restricciones de la FIA, los equipos permiten a los jóvenes probar monoplazas antiguos en test privados, pero en general los nuevos talentos tienen muy pocas oportunidades de ponerse a los mandos de un Fórmula 1 real en la pista. Por este motivo considero que ser un *rookie* en esta F1 moderna es más difícil que nunca.

Oscar Piastri (me gusta poner su ejemplo, ya lo habréis notado) solo pudo dar 170 vueltas con su McLaren antes de debutar como piloto oficial en el 2023. Y, desde el 2021, solo ha recorrido 1342 kilómetros a bordo de un Fórmula 1. Es una experiencia mínima para alguien que va a alcanzar velocidades de 327 km/h en su primer Gran Premio.

Lo comparas con lo que había antes y la diferencia es enorme. Sebastian Vettel, antes de debutar en un Gran Premio, completó cerca de 8000 kilómetros con un Fórmula 1; Lewis Hamilton, 9024; Nico Rosberg, 12 187. Y así podríamos estar un buen rato.

Por eso os menciono tanto a Piastri en este libro: porque lo que hizo en su temporada de *rookie* habiendo probado solo cinco días un Fórmula 1 es increíble. Vale, ahora los pilotos trabajan con un simulador mucho más avanzado que los de antes, pero estoy seguro de que entre correr con un simulador y hacerlo en pista, todos prefieren lo segundo. Así que me habría encantado ver a cualquiera de los pilotos que acabo de mencionar con la misma poca preparación que el joven de McLaren.

EL ESFUERZO FÍSICO Y MENTAL DE UN PILOTO

Los detractores del automovilismo, aquellos que no aceptan ni comprenden por qué debería considerarse un deporte, siempre dan bola a los grandes tópicos y *cuñadismos*. ¡Cómo va a ser eso un deporte, hombre, si van sentados! ¿Yo también hago deporte cuando voy con mi coche al supermercado? Anda, José María, termínate el solomillo y deja de hacer el ridículo.

Dependiendo del Gran Premio, de la exigencia del circuito en cuestión, de la temperatura ambiente y la de la pista, los pilotos pueden llegar a perder entre dos y cinco kilos en apenas una hora y media de carrera. Manejar el volante, acelerar y frenar mientras en cada curva sufres las fuerzas *g*, con temperaturas altísimas, te puede dejar hecho polvo.

Para explicar de forma simple el concepto de la fuerza *g*, pongamos un ejemplo común. Imaginad que vais a un parque de atracciones y os subís a una montaña rusa, de esas que pasan enseguida de cero a cien, como la Red Force de PortAventura. ¿Verdad que cuando arranca con esa intensidad y rapidez notáis que el cuerpo se os va para atrás? O, al revés, cuando la montaña rusa frena de repente, el cuerpo se os va para delante. Pues eso es lo que sucede con la fuerza *g*, que también puede ser lateral, como cuando sois cinco en un coche y dais la vuelta a una rotonda: la fuerza *g* os tira a la derecha o a la izquierda y, por culpa de ese movimiento, aplastáis o sois aplastados por vuestro hermano.

Esa inercia y esos cambios de velocidad tan bestias son los que machacan al piloto. Un Fórmula 1 moderno puede sufrir en cuestión de segundos una deceleración de 330 a 70 km/h. Es lo que ocurre en frenadas como la de la penúltima curva del Circuito Internacional de Shanghái. Por otro lado, las curvas más pronunciadas, como las de Mugello, pueden trazarlas a 280 km/h.

Más allá de todo el entrenamiento físico que cabe esperar de un deportista, en el automovilismo destaca la preparación del cuello. Quizá no os hayáis dado cuenta, así que os invito a que dejéis de leer por un instante, busquéis en el móvil fotos de pilotos como Carlos Sainz y os fijéis en su cuello. Muchos bromean con que los pilotos tienen cuello «de toro», y míticos son ya los vídeos de Fernando Alonso abriendo nueces con él. Pero es que debe ser así.

La única parte del cuerpo al descubierto dentro del *cockpit* es el cuello, que sufre directamente las aceleraciones, desaceleraciones y giros bruscos. Durante más de una hora y media debe cargar con el peso del casco y resistir las gigantescas fuerzas *g* en cada curva y en cada frenada. Esto, sumado al esfuerzo que desempeñan los brazos y las piernas a temperaturas verdaderamente altas, hace que los pilotos de Fórmula 1 necesiten una gran preparación física para afrontar cada carrera.

En los últimos años, el nivel de estos entrenamientos ha aumentado mucho y, por tanto, los pilotos no suelen sufrir en exceso durante un Gran Premio, pero antiguamente podíamos ver como algunos perdían el conocimiento al concluir una carrera o terminaban tan exhaustos que no eran capaces ni de festejar su victoria.

He de mencionar una excepción: en la temporada 2023 volvimos a ver un Gran Premio, el de Catar, que machacó a los pilotos como nunca. Nos ocuparía medio libro explicar todo lo que salió mal, pero, en resumidas cuentas, los pilotos disputaron la carrera bajo el terrible calor del desierto de Lusail y debieron afrontar miles de contratiempos. Con una sensación térmica de 40 grados (cerca de 55-60 dentro del coche) y nula hidratación, los pilotos se vieron obligados, por un problema de última hora con la seguridad de los neumáticos, a hacer tres paradas en boxes y, por tanto, tuvieron que trazar cada vuelta como si estuvieran en las series de clasificación, dándolo todo cada minuto.

¿Qué quiere decir esto? Que por cambios de última hora y por la temperatura de ese fin de semana, el esfuerzo físico terminó siendo el doble del que tenían previsto. Ergo, muchos no estaban preparados para la que les iba a caer. ¿Resultado? Un piloto se retiró por desistimiento, dos perdieron el conocimiento dentro del coche y fueron trasladados al centro médico, y varios sufrieron quemaduras.

Por fortuna, hoy en día la preparación física es infinitamente más avanzada que en otras épocas, y estas cosas, si no se tuercen mucho como pasó en Catar, ya no suceden. Sí puede haber problemas en caso de que el sistema de hidratación del piloto deje de funcionar. Entre las decenas de botones que contiene el volante de un Fórmula 1, existe uno que activa el paso de la bebida por un tubo que se introduce en el casco. En ocasiones, por lo que sea, puede no funcionar con normalidad, y entonces los pilotos llegan más justitos de fuerza al final del Gran Premio.

Estos deportistas también suelen trabajar mucho los reflejos, porque en la pista pueden encontrarse todo tipo de peligros a muy alta velocidad y deben ser hábiles para esquivarlos. Deben dar gas cuanto antes al apagarse las luces del semáforo en la salida, girar o frenar a tiempo para evitar chocar con otros competidores, sortear trozos de otros monoplazas que puedan haber quedado sueltos sobre el asfalto, incluso los animales que de vez en cuando pisan el circuito, desde marmotas hasta perros. Y, bueno, también hemos visto a algún que otro humano idiota correteando por la pista.

Todas estas decisiones deben tomarse en décimas de segundo, de ahí que necesiten ser ágiles de manos y mente. He de reconocer que esta es una de las cosas que más me fascina. En particular, hay un fragmento del Gran Premio de Canadá del 2013 que me sigue alucinando. En esta carrera, Lewis Hamilton y Fernando Alonso estaban enzarzados en una intensa batalla. Tras cerrar el segundo sector, el asturiano se emparejó con el británico. Le podría haber adelantado fácilmente, pero detectó que Hamilton soltaba el pie del acelerador (en un punto del circuito donde no tenía por qué hacerlo) y reaccionó rápidamente haciendo lo mismo.

¿La razón? Luego ya entraremos en detalle, pero imagino que sabéis que en la Fórmula 1 existe el DRS, un sistema que abre los **aletines** del alerón trasero con el fin de alcanzar una mayor velocidad punta en recta. Para activar el DRS debes estar, sí o sí, a menos de un segundo de diferencia del piloto de delante, y para medir si estás dentro de esa distancia existe una línea, llamada **zona de detección**, que posteriormente te permite poner en funcionamiento el DRS en las **zonas de activación** si cumples con el requisito.

Pues bien, Hamilton frenó súbitamente en plena lucha con Alonso porque iban a pasar por esa zona de detección, y el británico, por aquel entonces piloto de McLaren, quiso que el español pasara primero para que no gozase de la ventaja de activar el DRS en las dos rectas siguientes. La acción de Hamilton fue atrevida e inteligente, pero que Alonso fuera capaz de entender toda esa situación en plena batalla y reaccionara a tiempo para que el piloto británico no se saliese con la suya solo se puede calificar de brillante.

Algo parecido ocurrió en la penúltima prueba de la temporada 2021, el Gran Premio de Arabia Saudí, entre Max Verstappen y el propio Lewis Hamilton. Red Bull mandó a Verstappen devolverle la posición al británico por una polémica acción anterior, pero le pidieron que lo hiciese de forma «estratégica». Y lo que el neerlandés hizo fue precisamente eso: dejarse pasar justo antes de la zona de detección del DRS para así poder utilizar esa ventaja en la recta de meta y volver a adelantar a Hamilton. La jugada era perfecta: le devolvía el puesto al británico, evitando así una posible sanción, pero de manera que pudiera adelantarle fácilmente una curva después y todo quedara igual.

Evidentemente, Lewis Hamilton se percató de la jugada y, en una de las maniobras más extrañas de los últimos tiempos desde el punto de vista del espectador, los dos rivales por el Mundial se pusieron a frenar en plena recta durante cinco o más segundos, porque ninguno quería pasar primero por la zona de detección del DRS. Y frenaron tanto que terminaron chocando entre sí, en una de las decenas de polémicas que salpicaron ese año.

Esto también muestra la enorme concentración y esfuerzo mental que un piloto necesita para completar con éxito un Gran Premio. Más allá del aspecto físico, ya de por sí bastante meritorio, la cabeza del piloto debe estar en mil sitios a la vez.

Ayudado por un ingeniero de pista que en todo momento mantiene contacto por radio con él, el piloto debe recordar todos los puntos exactos en los que ha de frenar y el mejor modo de trazar cada curva a la mayor velocidad posible; no debe quitar ojo al coche que tiene delante y ver cómo y dónde adelantarle, pero sin perder de vista la retaguardia por si tiene que defender su posición; debe ir tocando botones en el volante constantemente, siguiendo las órdenes del ingeniero, que le recomendará una configuración u otra dependiendo de la situación de carrera; debe cuidar los neumáticos, yendo rápido pero sin desgastarlos demasiado deprisa, para así poder cumplir con la estrategia prevista; debe controlar el consumo de gasolina y asegurarse de que la carga inicial aguante hasta el final, ya que desde el 2010 los Fórmula 1 no paran a repostar; debe controlar el uso de la batería, pues si la gestiona mal estará vendido, sin potencia, en las últimas vueltas; debe estar pendiente de la situación de la carrera, vigilando a los demás pilotos pero también el estado de su propio coche, ya que la estrategia suele cambiarse sobre la marcha según las circunstancias y tiene que adaptarse a ella con agilidad; y, entre mil cosas más, debe asegurarse durante toda la carrera de que no infringe el reglamento e ir con pies de plomo para evitar problemas y no verse obligado a abandonar.

Estresa solo con leer el último párrafo, ¿verdad? Para los pilotos es agobiante. Especialmente para los novatos, porque el salto de la Fórmula 2 a la Fórmula 1 es en este aspecto muy grande. De ahí que en el Gran Premio de Mónaco del 2021, el *rookie* Nikita Mazepin, viéndose incapaz de aplicar en el volante todos los cambios que le exigían, terminara gritándole por radio al ingeniero: «¡No puedo hacerlo, tío, no puedo hacerlo! ¡Estoy en Mónaco!». Porque, claro, imaginad que vuestra quinta carrera en la Fórmula 1 es en el circuito más estrecho y complicado de todos, y a bordo del peor coche de la parrilla, que todavía no domináis. ¿Seríais capaces de despegar la vista del asfalto para poneros a tocar los botones del volante? Yo, desde luego que no. Mazepin, tampoco.

Para el espectador, eso sí, es apasionante. Por esto y por mucho más un piloto de Fórmula 1 siempre merecerá mis respetos: se puede debatir si este es mejor que aquel, o si uno se ha ganado su asiento más que el otro, porque al fin y al cabo es un deporte, pero tiene un mérito inmenso formar parte de esta competición y lidiar con toda su complejidad.

Y por todo esto y por mucho más no puedo evitar soltar una carcajada cuando se dice que los pilotos de Fórmula 1 no son deportistas. Que solo se trata de conducir sentado. Muy poca gente en el mundo es capaz de aguantar durante más de una hora y media, sin descanso alguno, todo el esfuerzo físico y mental que exige un Gran Premio. Pero sí, José María, tú cuando vas a por el pan con el coche haces lo mismo, claro que sí.

Hemos hablado de todo el entrenamiento que necesitan los pilotos para estar en forma y afrontar con garantías un Gran Premio, pero... ¿cómo se preparan para competir en cada circuito? Porque esto no es fútbol, donde el terreno de juego, por mucho que los estadios no tengan dimensiones idénticas, es siempre el mismo. En la Fórmula 1, los pilotos encuentran cada fin de semana un terreno de juego muy distinto. Pueden pasar de un circuito repleto de rectas y pocas curvas, como el de Monza, a uno urbano muy revirado, como el de Singapur.

Los pilotos deben aprenderse de memoria cada circuito para pulir las trayectorias perfectas y los puntos de frenada exactos. Porque, al tener tantas diferencias, que seas muy rápido en un circuito no implica que lo vayas a ser en otro. Hay trazados en los que un piloto puede sufrir año tras año, mientras que otros pueden sentarle como anillo al dedo: Kimi Räikkönen era conocido como «el rey de Spa-Francorchamps», Valtteri Bottas solía destacar en Sochi y Lewis Hamilton casi siempre ha mostrado en Hungaroring una superioridad pasmosa.

La preparación no es fácil, porque, como mencionábamos antes, en años recientes la Fórmula 1 ha restringido mucho los test fuera del campeonato. Antiguamente había muchísimas jornadas de prueba, en las que los equipos reservaban un circuito solo para ellos (o compartían pista con otras escuderías) y se dedicaban a rodar y a probar distintas configuraciones en sus monoplazas, para mejorar su rendimiento de cara al siguiente Gran Premio. En la temporada 2005, por ejemplo, hubo 80 jornadas de prueba entre todos los equipos de la parrilla. En el 2021, cinco días en total: tres de pretemporada en Baréin y dos al terminar el año en Abu Dabi, con el **test de jóvenes pilotos**.

De ahí que en el presente sea vital entrenar en un simulador. Esto ya forma parte de los entrenamientos de los pilotos desde hace bastante tiempo, pero cada vez está cobrando más importancia por las restricciones actuales. Las fábricas de las escuderías siempre disponen de una sala con un simulador muy avanzado respecto a los que se pueden encontrar en el mercado, pero la nueva camada de pilotos, entre los que destacan Max Verstappen y Lando Norris, suelen contar en casa con su propio minisimulador, que en sus pocos ratos libres les permite practicar con todo tipo de vehículos en carreras virtuales.

Esto es hoy tan común que Verstappen, días antes del Gran Premio de Abu Dabi del 2021, en el que se proclamaría campeón, en lugar de aislarse y concentrarse en el Circuito Yas Marina, participó en una carrera virtual de resistencia retransmitida desde su casa. El tío, por cierto, tiene sus trofeos de Fórmula 1 en una mesita, al lado del volante, como quien se deja la bolsa de patatas fritas en el escritorio; lo podéis ver en sus emisiones en directo de *sim racing*.

Y es que cuanto más manejo tengan al volante, sea real o virtual, mejor. Cuantos más kilómetros recorran, mejor entenderán el comportamiento de su vehículo y más capacitados estarán para pulir su configuración. Hay gente que piensa que los pilotos se sientan en sus coches, compiten y se van a casa, y de eso nada: para el desarrollo del monoplaza es vital que el piloto se involucre y trabaje mano a mano con los ingenieros. Cada competidor es responsable de su propio *setup*, es decir, debe pedir a los mecánicos aquellos retoques en el coche que hagan que se encuentre más a gusto al volante. Son cambios bastante limitados, hasta se pueden considerar minucias, ligeros detalles, pero en este deporte todo detalle puede marcar la diferencia.

Uno de estos cambios puede consistir, por ejemplo, en retocar la configuración aerodinámica de los alerones delanteros y traseros. Con una carga aerodinámica alta, el coche funciona muy bien en las curvas, pero sufre más en las rectas y alcanza una menor velocidad punta al existir una mayor resistencia al aire; con una carga aerodinámica más baja, por el contrario, el aire frena menos al coche en las rectas, y, por tanto, el monoplaza alcanzará mayor velocidad punta, pero no irá tan rápido en las curvas, que será donde pierda más tiempo. Algunos pilotos prefieren rodar con más carga, o que el coche sea más inestable delante que detrás; o al revés. El piloto puede pedir ciertos cambios para adaptar el coche a su estilo de conducción y rodar más cómodo.

Porque, creedme, en una competición donde te juegas la vida en cada curva, te interesa, y mucho, encontrarte cómodo con tu monoplaza. Si no confías en el coche, estás vendido. Si no tienes la seguridad de que la siguiente curva la puedes hacer a 200 km/h, terminarás por levantar el pie. Y si levantas el pie en esa curva, en esta y en aquella otra, tu compañero de equipo te va a sacar cinco décimas por vuelta. La Fórmula 1 es una competición al límite, y si no conoces los límites de tu coche no vas a ninguna parte. El piloto debe estar completamente seguro de lo que hace y no pensar que en una determinada curva podría chocar.

Algo así le sucedió en sus últimas temporadas a Sebastian Vettel, un piloto al que siempre he respetado y admirado, pese a la campaña *anti-vettelista* que se fraguó en España durante sus años de rivalidad con Fernando Alonso. El alemán, ya retirado, demostró a lo largo de su carrera un talento enorme, siendo capaz de ganar cuatro títulos mundiales consecutivos con un monoplaza que claramente se lo permitía, pero también con muy buenos resultados y actuaciones personales. Ahora bien, si me preguntáis por alguna de sus flaquezas, yo destacaría sus dificultades para adaptar su estilo de conducción.

El Ferrari que manejó en el 2020 fue, sin duda, uno de los peores de la historia de la Scuderia. Causó continuos dolores de cabeza al alemán y, también, a su por aquel entonces compañero Charles Leclerc. Pero entre el 2019 y el 2020, la diferencia entre ambos pilotos se engrandeció muchísimo. En el 2019 mantuvieron una ardua batalla mientras Leclerc trataba de hacerse un nombre en la categoría, pero en el 2020 el piloto monegasco triplicó en puntos al tetracampeón.

¿Por qué hubo tanta diferencia entre un año y otro? Pues, problemas ajenos aparte —Vettel sufrió varios contratiempos con la estrategia y las paradas en boxes que terminaron por atormentarle del todo—, el alemán se quejó muchísimo de la trasera tan inestable del Ferrari de aquel año. Este problema también fue un fastidio para su compañero; a los dos les hizo perder muchísimo rendimiento de una temporada para otra. Ante un inconveniente como este, los pilotos deben adaptar su estilo de conducción: evidentemente, no pueden rodar como siempre porque saben que la trasera no está como siempre. Charles Leclerc se adaptó como buenamente pudo, pero Sebastian Vettel protagonizó una de sus peores temporadas en la Fórmula 1, mostrándose menos capaz que el de Mónaco a la hora de domar ese caos de monoplaza que les había caído en suerte.

Que nadie lo interprete como una crítica al alemán, porque al fin y al cabo es solo una característica. Vettel pudo flojear en ese aspecto, pero contaba con cualidades que otros pilotos de la parrilla no tenían. Simplemente lo doy como ejemplo de cómo un gran piloto puede desvanecerse de la noche a la mañana: o confías plenamente en tu equipo y en tu coche, o al final terminas por venirte abajo.

¿CÓMO SABEMOS SI UN PILOTO ES MEJOR QUE OTRO?

Los duelos como el de Sebastian Vettel y Charles Leclerc pueden ser vitales para tratar de responder a la que seguramente sea la pregunta sobre la Fórmula 1 que más me han hecho en esta vida. Si tanto importa el coche, ¿qué diferencias hay entre este piloto y el otro? ¿Cómo sabes realmente quién es mejor?

La pregunta es totalmente comprensible. En mi caso, como seguidor de Fernando Alonso que he sido toda mi vida, logré que mis amigos entendiesen que si el asturiano no ganaba era porque su monoplaza no estaba a la altura de los demás. Pero en sus cabezas persistía una duda: ¿cómo sabes qué diferencia hay entre Alonso y el resto si su ritmo depende del coche?

Aviso desde ya que en esta sección no vais a encontrar una respuesta definitiva a la eterna pregunta de quién es el mejor piloto de todos los tiempos. Más que nada porque, primero, no hay respuesta y, segundo, es un debate sin sentido, dado que la Fórmula 1 de 1950 dista mucho de la del 2024. Son deportes prácticamente distintos, pues de un año a otro se producen avances gigantescos. Ni siquiera se pueden comparar los monoplazas de los años cincuenta con los de los setenta.

Creo, no obstante, que sí os puedo echar una mano con los criterios que yo utilizo para intentar determinar qué piloto es mejor que otro en las parrillas actuales. Se trata de tres claves muy generales que iré desgranando poco a poco: el ritmo, la lectura de la carrera y la inteligencia en pista.

EL RITMO

Partimos de lo básico: el ritmo. Si tu coche es más lento que el de los líderes, vas a ir más lento independientemente de quién seas. Pero ¿cómo puedes saber que un piloto está sacando todo el provecho posible de su monoplaza? Una manera de hacerlo es comparando el ritmo de ese piloto con el de su compañero de equipo.

Ya sabéis que cada equipo cuenta con dos pilotos que compiten con el mismo coche. Pues bien, sin duda alguna, el mayor rival de un piloto es su compañero. Es una frase que se ha repetido tantas veces que ya suena a cliché, a topicazo, pero es que es así. Cuando un piloto pierde frente a otro, siempre puede excusarse diciendo que fue por la diferencia entre los dos coches, pero esto no le vale si se trata de su compañero de equipo, porque tiene el mismo coche que él. Así que... si tu compañero ha terminado primero con el mismo monoplaza, ¿por qué tú has quedado octavo? ¿Cómo te defiendes ahora de las críticas?

Los duelos con los compañeros de equipo han liquidado las carreras de muchos pilotos. Antes, hablando de jóvenes talentos, os mencioné al belga Stoffel Vandoorne: prometedor, ultraexitoso en categorías júnior y con varios récords en la ya extinta GP2 Series. Tras dos temporadas con Fernando Alonso como compañero, nunca más se supo de él. En la temporada 2018, el español le venció 21-0. Fue una paliza descomunal, y eso devaluó mucho la imagen de Vandoorne.

Antes también os mencionaba la batalla Vettel-Leclerc. En el 2020, el discurso de un Vettel de capa caída se justificó con el 13-4 que le metió el novato Leclerc y con el triple de puntos que le sacó en la general. Cuando el alemán dejó Ferrari para unirse a Aston Martin, se convirtió en el nuevo compañero de Lance Stroll. Y, sí, le venció, pero por poquito. En el 2021, Vettel sumó el 55 % de los puntos del equipo; y en el 2022, ya más cómodo con el monoplaza, el 67 %.

Esa diferencia era pequeña para tratarse de un tetracampeón del mundo frente a uno de los pilotos peor valorados del momento. Prueba de ello es el duelo que Lance Stroll mantendría con Fernando Alonso como compañero de equipo en el 2023: el asturiano sumó el 75 % de los puntos en su primer año con Aston Martin, y eso que tiene siete años más que Vettel.

Otra manera de medir la calidad de un piloto comparado con otro puede ser su conducción bajo la lluvia. En seco, pilotar es «fácil»: la pista es la misma todo el tiempo y el piloto frena siempre en los mismos sitios. Pero cuando empieza a llover hay que rodar con la máxima precaución, porque las condiciones cambian de una vuelta a otra. Claro, la pista cada vez estará más empapada conforme siga lloviendo, y es posible que en la vuelta 1 hayas frenado a 200 metros, pero en la 5 tengas que hacerlo mucho antes.

En esos momentos, los reflejos de los pilotos deben estar afiladísimos. Con el asfalto resbaladizo has de controlar el coche con más delicadeza para no perder el control. Y es ahí donde ya no importa tanto el monoplaza como la agilidad de manos del piloto, porque cada uno frena de distinta manera.

Para que entendáis cuánto puede cambiar la Fórmula 1 en mojado, os voy a explicar el caso de George Russell en la temporada 2021. Ese año, el Williams que llevaba el joven británico era muy lento, y pese a que en la clasificación podía sorprender de vez en cuando, la mayoría de las veces era sencillamente imposible que destacara. En el Gran Premio de Hungría se clasificó décimo séptimo (de veinte). En la siguiente prueba, la de Bélgica, llovió. Pues bien, quedó segundo, en una de las mejores actuaciones a una vuelta que he visto en mi vida.

Russell, como dato, no había pasado en todo el año de la novena posición. En las siguientes clasificaciones, en los Países Bajos e Italia, terminó undécimo y décimo cuarto respectivamente. Pero en el Gran Premio de Rusia, donde también llovió, quedó tercero. Está claro, ¿no?

Otro factor a la hora de comparar pilotos es su ritmo de clasificación y su ritmo de carrera. Hay pilotos que a una sola vuelta son infalibles, pero luego, en carrera, no logran mantener el ritmo. Y, ojo, pasa lo mismo al revés: algunos pilotos no son precisamente espectaculares a una vuelta, pero en carrera se crecen y destacan sobre el resto.

George Russell también me sirve en este caso. El británico, como habéis leído, ha brillado en muchísimas clasificaciones, y en los últimos años incluso ha quedado por delante del todopoderoso Lewis Hamilton alguna que otra vez. En cambio, en ritmo de carrera decae mientras su compañero se crece; esto ocurrió sobre todo en la temporada 2023. En Canadá forzó tanto el ritmo para mantenerse cerca de Hamilton que terminó cometiendo un error y chocando con el muro, y en otros Grandes Premios cruzó la meta hasta veinte o treinta segundos por detrás de él.

Otro gran ejemplo actual es Nico Hülkenberg. En el 2023, el piloto alemán metió al Haas, el peor equipo del Mundial, en la Q3 un total de siete veces. Pero luego, en carrera, nada. Es cierto que, en gran parte, fue por el pobre rendimiento de su monoplaza, pero lo digo porque en carrera es donde se estrechaban realmente las distancias con su compañero Kevin Magnussen.

Ejemplos a la inversa podrían ser Checo Pérez y Fernando Alonso. No es que sean malos en la clasificación, ni mucho menos; sencillamente, son muy buenos en carrera y, desde luego, es ahí donde más destacan.

Para alcanzar un buen ritmo de carrera hay que pulir decenas de aspectos, como el desgaste de los neumáticos, la gestión de la batería o el ahorro de combustible (que, a su vez, contribuye a mantener la temperatura del coche), entre muchos otros. Es cierto que ayuda mucho la veteranía, y ahí solo vale acumular kilometraje. En el 2023, por ejemplo, Oscar Piastri no tenía problemas en alcanzar a Lando Norris en ritmo de clasificación, pero flojeaba cuando las carreras requerían un gran cuidado de los neumáticos para evitar la degradación.

Encontrar a un piloto que cumpla con alguno de estos factores es muy fácil; lo verdaderamente complicado es que sea bueno en todos. Quizá los pilotos más completos de la parrilla sean Lewis Hamilton, Fernando Alonso y Max Verstappen: los dos más veteranos y el nuevo tricampeón del mundo.

De Hamilton destacaría su ritmo de clasificación, en ocasiones endiablado; de Alonso, su ritmo de carrera y su manejo bajo la lluvia; y de Verstappen, aunque pueda parecer una respuesta fácil, todo. El piloto neerlandés es una locura. A una vuelta es increíblemente rápido. En carrera puede rodar muy veloz a pesar de estar cuidando los neumáticos, sin apretar. Y cuando llueve y crees que los demás pueden darle caza, se distancia aún más. No es casualidad que tenga el récord de mayor porcentaje de victorias en una misma temporada: no se batió en setenta años quizá porque no había salido un piloto tan bueno como él en todo ese tiempo. Es prácticamente el piloto perfecto.

Para mí, esto es lo básico para entender el ritmo de cada piloto, pero, como decía, hay otros dos factores muy importantes: la lectura de la carrera y la inteligencia en pista.

LECTURA DE LA CARRERA

La lectura de la carrera es la capacidad que tiene un piloto de entender qué es lo que sucede a su alrededor. Sí, al piloto le pagan por conducir, y suficiente hace ya con mantenerse en pista, pero algunos son capaces de marcar la diferencia utilizando el coco. Y la verdad es que esto, a título personal, lo valoro mucho.

Algo crucial para un piloto de Fórmula 1 es su capacidad de dar *feedback* a los ingenieros desde la pista. Y que sea acertado, claro. Cuando un piloto empieza la carrera, lo hace con una estrategia en mente: pararemos en X vuelta, montaremos X neumáticos, y arreando. Si las cosas se tuercen, el equipo tiene otras estrategias preparadas para cubrirse las espaldas, y el ingeniero se comunica constantemente por radio con el piloto para preguntarle si le parece bien pasar al plan B o al C. Una vez Ferrari preguntó por el plan E, imaginaos lo mal que tuvo que salir todo.

Pero hay ocasiones en las que el equipo no está preparado para lo que sucede, porque la Fórmula 1 puede ser muy impredecible. Esas situaciones pueden darse cuando empieza a llover, por ejemplo, ya que los ingenieros dependen totalmente de la opinión del piloto. Es él quien sabe cómo está la pista, si para neumáticos secos o intermedios, así que el equipo simplemente espera a que dé la orden.

También ocurre cuando estás cumpliendo con una estrategia fija, pero se te trastoca por un intento de *undercut* u *overcut* de tu rival. En ese momento se desata un amplio debate en la radio del piloto: ¿han de parar en boxes a la vuelta siguiente para intentar cubrir la posición, o han de probar una estrategia alternativa?

Y es ahí donde el piloto puede marcar la diferencia. Incluso es posible que ignore las órdenes del equipo y proponga su propia estrategia alternativa. En general, los pilotos de la parrilla se limitan a acatar lo que les diga el equipo: si he de ir a boxes, a boxes que voy. Sin embargo, otros dan más vueltas a todo lo que sucede y lanzan alternativas que los ingenieros pueden rechazar o aceptar.

En esto destacó Sebastian Vettel en la mala temporada que hizo en el 2020 con Ferrari. En ritmo, el alemán anduvo perdido, pero su lectura de las carreras solía ser bastante acertada. Y, pese a que solo puntuó en siete ocasiones, podría haber sido aún peor si hubiera hecho caso a lo que le recomendaba el equipo.

En el Gran Premio de Hungría, por ejemplo, Ferrari decidió parar a sus dos pilotos y colocarles el neumático blando tras una salida en mojado. Charles Leclerc, el compañero de Vettel, cumplió la orden. Él, en cambio, cuestionó que el neumático blando fuera el más indicado y recomendó montar el intermedio. El equipo le hizo caso, y gracias a ello el **stint**[2] de Vettel fue mucho más competitivo y duradero que el de Leclerc, y el alemán terminó la carrera en sexta posición (Charles llegó undécimo). Fue su segundo mejor resultado de la temporada.

En Ferrari también encontramos los casos recientes de Carlos Sainz. El español ha mantenido reñidos duelos con Charles Leclerc como compañero, y aunque en ocasiones el monegasco le ha superado en ritmo, Sainz ha demostrado ser capaz de darle la vuelta a la tortilla por puro ingenio.

En el Gran Premio de Mónaco del 2022, los dos Ferrari estaban al frente, con Leclerc, el piloto de casa, en primera posición. La carrera arrancó sobre mojado, pero la pista se fue secando conforme se sucedían las vueltas. Charles claramente tenía más ritmo que el piloto de Madrid, pero terminó el Gran Premio por detrás debido a la estrategia. Ambos llevaban el neumático de lluvia extrema, y cuando la pista se secó, Ferrari recomendó pasar a neumático intermedio (lluvia lige-

2. Se conoce como *stint* cada período de tiempo que un piloto ha completado con un set de neumáticos. Si, por ejemplo, un piloto arranca la carrera con neumático medio y para en boxes para montar el duro, habrá realizado dos *stints*.

ra) antes de meter un neumático totalmente de seco. Leclerc aceptó y paró en boxes, mientras que Carlos se quedó en pista alegando por radio que el asfalto se iba a secar enseguida y que no valía la pena hacer dos paradas (neumático intermedio y neumático de seco). Sugirió esperar cinco vueltas y meter el neumático de seco directamente, ahorrando así una parada. Ferrari se lo permitió, y gracias a eso Sainz se puso por delante de su compañero.

Ese ingenio, acompañado del atrevimiento del piloto para contradecir la estrategia de todo tu equipo, tiene muchísimo valor. Porque tú imagínate que te sale mal, que ignoras al equipo y se demuestra que ellos tenían razón: te caen palos por todos los lados.

La valentía también dice mucho de un piloto, y creedme que no es fácil tener esa capacidad de reacción bajo presión. Un ejemplo de ello podría ser Lando Norris en el Gran Premio de Rusia del 2021. El joven británico lideraba la carrera por primera vez en su vida, habiendo conseguido también su primera *pole* en la Fórmula 1. Su fin de semana estaba siendo de ensueño y se encontraba a unas pocas vueltas de su primera victoria, pero al final, uh oh, llegó la lluvia.

Los pilotos podían seguir compitiendo con neumáticos de seco gastados, pero la pista se iba empapando más y más conforme pasaban los minutos. Como se había puesto a llover en las últimas vueltas, los equipos en un principio eran reacios a parar en boxes, ya que consideraban que, aunque fuesen más rápidos con neumáticos de lluvia, quizá no podrían recuperar todo el tiempo que perdieran haciendo esa parada extra.

Pero, claro, cada vez llovía más, y los pilotos empezaron a comunicar a sus equipos que estaban perdiendo mucho tiempo. Progresivamente, fueron colocando los neumáticos de lluvia. Lando no lo hizo. Estaba de los nervios por la presión a la que se veía sometido por Lewis Hamilton, pero se encontraba a unas pocas vueltas de su primera victoria, así que no quiso saber nada de otra parada en boxes.

Al ver que Norris no decía nada por radio, el ingeniero empezó a avisarle de que muchos coches se estaban saliendo de la pista en un punto muy resbaladizo del circuito. Lando le gritó: «¡¡SÍ, CÁLLATE!!». Cuando le preguntó si la pista estaba para intermedios, el piloto respondió con un simple: «¡No!». Y al informarle de que su rival, Hamilton, acababa de montar neumáticos de lluvia, dijo: «¡Sí, sí, ya lo he visto! Ahora ya solo tenemos que intentar mantenernos en pista».

No lo consiguió. La lluvia fue a más, y a tan solo dos vueltas de la que iba a ser su gran victoria, sufrió *aquaplaning*, perdió el control del monoplaza y se salió de la pista. Terminó la carrera en séptima posición. Hoy por hoy aplaudo su valentía por haber querido probar algo diferente en busca de la victoria, no conformándose con quedar segundo. Pero es cierto que Norris no mantuvo la cabeza fría ni mostró la capacidad de reacción de otros pilotos a los acontecimientos adversos. Quizá fue normal, porque se trataba de la primera vez que se veía en esa situación, pero eso también se ha de tener en cuenta al valorar a un piloto.

INTELIGENCIA EN PISTA

Y el tercer y último factor, aunque no por ello menos importante, es la inteligencia que demuestra un piloto en pista. Puedes tener mucho ritmo y entender lo que sucede a tu alrededor, pero es posible que el resto esté en las mismas. Así que, en muchas ocasiones, solo el ingenio te permite superar los obstáculos y marcar la diferencia.

La manera de atacar o defender una posición puede ser un buen indicativo de la inteligencia de un piloto sobre el asfalto. En esta Fórmula 1 de hoy en día es muy difícil sobrepasar al piloto de delante si los dos lleváis un ritmo similar; solo el atrevimiento te apartará de ese **trenecito de DRS** o del bloqueo en el que te encuentres con un piloto más lento por delante.

Hay pilotos que sufren mucho a la hora de adelantar, y el mejor ejemplo quizá sea Valtteri Bottas. Llámale conservador, poco atrevido o lo que quieras, pero rara vez le verás en los ránquines de mejores adelantamientos del fin de semana. Es el típico piloto que se queda atrapado en uno de esos trenecitos de DRS, atascado sin poder adelantar. Y esto, en un equipo lento con el que es esencial saber abrirse paso y remontar posiciones, me parece una gran desventaja.

Un gran adelantador es Max Verstappen. El piloto neerlandés no duda a la hora de arriesgar. Si no puede adelantar en unas vueltas, se impacienta, frena muchísimo más tarde que su rival, se la juega y sale ganando. Al principio de su trayectoria en la Fórmula 1 solía liarla bastante haciendo esto, porque arriesgaba sin tener experiencia y se llevaba más leñazos que otra cosa. Pero ahora, ya con diez años de experiencia en la categoría, suele hacer lo mismo y apenas comete errores.

Su excompañero Daniel Ricciardo también se ganó buena fama por sus adelantamientos al límite. El australiano tenía una capacidad asombrosa de frenar más tarde que nadie sin pasarse de la raya ni lo más mínimo, por lo que sorprendía constantemente a los rivales.

Otra manera de abrirse paso es intentar forzar que el piloto de delante cometa un error. En ocasiones vemos a pilotos incapaces de adelantar que tratan de «asustar» a sus rivales desestabilizándolos con movimientos algo extraños.

Una de esas maniobras puede ser la de **enseñarle el alerón**, un clásico. Antes de llegar a la frenada, el piloto de detrás amaga con salirse del rebufo del piloto de delante para lanzarse e intentar superarle, y a veces el otro se lo cree y se pasa de frenada al no reaccionar a tiempo, y el de detrás lo aprovecha.

Esa maniobra también puede servir para comprometer la trazada del piloto de delante y no pasarle en esa curva pero sí en la siguiente. Al ver ese amago de adelantamiento, el piloto de delante quizá cambie de trazada para cubrirse las espaldas, por si acaso al otro se le ocurre lanzarse. Y, al forzar así a su oponente a realizar una trazada que no es la más rápida, el piloto de detrás puede salir de esa curva con más velocidad y robarle la cartera en la siguiente.

En esas batallas también aprecio mucho los jueguecitos que llevan a cabo los pilotos con el DRS. Antes os mencioné las trampas de Lewis Hamilton, Fernando Alonso y Max Verstappen con las zonas de detección del DRS, y eso sin duda son grandes muestras de inteligencia y atención a todos los detalles para robarle el puesto a tu rival.

Pero hay más. En ocasiones, la inteligencia también se demuestra decidiendo en qué curva adelantar. Os pongo un ejemplo: en el Autódromo José Carlos Pace, sede del Gran Premio de Brasil, existen dos zonas de DRS consecutivas, una en la recta principal y otra nada más salir de la primera curva. Pues bien, hay pilotos que, pudiendo adelantar perfectamente en la recta principal, deciden no hacerlo para intentarlo en la siguiente zona de DRS. ¿Por qué? Pues porque existe la posibilidad de adelantar en la curva 1 y que el piloto de detrás abra el DRS en la siguiente zona y te devuelva el golpe.

En el Red Bull Ring, sede del Gran Premio de Austria, sucede exactamente lo mismo. Con tres zonas de DRS consecutivas, lo ideal es adelantar en la curva 4, la última. Así puedes tratar de escaparte del piloto que te pisa los talones hasta completar el circuito y entrar de nuevo en esas tres zonas. En el 2023 pudimos ver como Max Verstappen, pudiendo adelantar perfectamente en la curva 3, decidía frenar mucho antes, pasar la curva por detrás del piloto de delante e intentar el adelantamiento en la curva 4. De esta manera impides que el de delante tenga DRS y ose adelantarte de nuevo.

La inteligencia en pista también se demuestra cuando tienes que dejarte doblar. En la Fórmula 1 la diferencia entre los líderes y los menos punteros es enorme, por eso es posible que en carrera los primeros vayan tan rápido que terminen cazando a los últimos y se pongan de nuevo por delante, logrando sacarles toda una vuelta de ventaja.

Cuando los líderes se acercan, los pilotos que van a ser doblados reciben la bandera azul, señal de que deben apartarse y molestar lo menos que puedan. Pero, en ocasiones, los pilotos que han de apartarse están luchando por una posición y se ven obligados a estrujarse la cabeza para buscar el mejor sitio en el que dejarse doblar sin perder tiempo por el camino.

Hay pilotos que lo hacen rematadamente mal. Recuerdo una vez que Valtteri Bottas tenía que dejar pasar al líder Max Verstappen en el Gran Premio de Emilia-Romaña del 2021. A Bottas le mostraron la bandera azul en plena batalla con Lance Stroll, y el finlandés decidió frenar al principio de la recta principal. Haciendo esto, logró que Verstappen pasara sin problemas, pero frenó tanto y en un sitio tan malo que Stroll también le adelantó. Resultado: cayó de la octava a la novena posición.

Hay pilotos que, por el contrario, lo gestionan increíblemente bien, y un gran ejemplo es de nuevo Max Verstappen. En su temporada de debut, la 2015, con tan solo diecisiete añitos, el neerlandés ya mostró su gran inteligencia en el Gran Premio de Mónaco, su sexta carrera en la F1. Doblado, tuvo que dejar pasar al tercer clasificado, Sebastian Vettel. Pero se quedó pegado detrás de él, se convirtió en su sombra. ¿Qué consiguió haciendo esto?

Cuando los demás pilotos dejaban doblarse por Vettel, Verstappen se aprovechaba y también les adelantaba. Ganó dos posiciones en dos vueltas, en un circuito donde casi es imposible adelantar como es el de Montecarlo. Un genio este chico, puede que sea campeón del mundo algún día.

Pero después de repasar todo esto, queda lo más importante. Y es que no hay mejor manera de demostrar inteligencia en pista que con las tácticas de defensa. En algunos circuitos, con muchos metros de rectas y zonas de DRS, es prácticamente imposible defender tu posición ante un piloto más rápido. Sin embargo, otros sí permiten que los pilotos saquen a relucir su ingenio, anclen el monoplaza en pista e impidan el paso de cualquier otro coche.

De este noble arte de la defensa sabe mucho Fernando Alonso. En las últimas dos temporadas, el asturiano protagonizó batallas que se convirtieron en los auténticos momentazos de las carreras. Y qué mejor manera de contaros cómo un piloto se puede lucir defendiéndose que narrándoos los dos grandes duelos que Alonso protagonizó en el Gran Premio de Hungría del 2021 y en el Gran Premio de Brasil del 2023.

En Hungría pilotaba para Alpine y se encontraba en cuarta posición. Por detrás llegaba Lewis Hamilton con el todopoderoso Mercedes, el equipo que terminaría ganando el Mundial de Constructores ese año. Ningún piloto fue capaz de frenar al británico en pista, pero Alonso logró retenerle durante más de diez vueltas al ser el único que intentó algo distinto.

En esa carrera, Hamilton venía saliendo de la última curva a gran velocidad, abría el DRS y adelantaba a su rival en la curva 1 sin oposición. Al toparse con Alonso, que iba en un coche mucho peor y sin DRS, parecía que el duelo también estaba perdido para el español. Pero ahí Fernando hizo algo distinto.

Primero, trazó de manera diferente la última curva para salir con más velocidad que Lewis e impedir que el Mercedes le alcanzara en la curva 1. Esto hizo que Hamilton intentara el adelantamiento en la curva 3 por el exterior, pero el español reaccionó frenando más tarde y alargando la trazada para que el británico se quedara progresivamente sin pista y tuviera que levantar el pie.

Así estuvieron un buen rato. Todo el mundo saltó de su asiento al ver que, por primera vez en esa caótica carrera, alguien plantaba cara a Hamilton. Al final este logró adelantarle después de que el español se pasara de frenada, pero esa férrea defensa impidió que Hamilton alcanzara a los líderes y ganara la carrera. Curiosamente, venció el por aquel entonces compañero de equipo de Alonso, Esteban Ocon. Sin esa defensa del asturiano nunca lo habría conseguido.

Buena prueba de lo difícil que fue defender a Lewis Hamilton en esa carrera es lo que sucedió después. Tras adelantar al piloto de Oviedo, Hamilton empezó a perseguir a Carlos Sainz. No le duró ni dos vueltas. Y en tan solo cuatro, el Mercedes sacó casi trece segundos a los dos españoles; más de tres por vuelta. Por eso fue increíble que Alonso retuviera tanto tiempo a un piloto tan insultantemente rápido.

Aún mejor fue su defensa ante Checo Pérez en el Gran Premio de Brasil del 2023. En el circuito de Interlagos, al contrario que en el de Hungaroring, es muy fácil adelantar. El español rodaba en tercera posición con su Aston Martin, de baja velocidad punta, frente a Checo Pérez y su Red Bull, el gran dominador del Mundial.

Nadie pudo resistir a Checo Pérez por detrás más de dos vueltas. Menos Fernando Alonso, que le retuvo durante quince. Además, quedó por delante. El piloto asturiano llevaba un coche claramente más lento que el Red Bull y sabía que, si hacía lo mismo que Pérez, iba a perder su posición. Por tanto, decidió hacer todo lo contrario que el mexicano.

Mientras Pérez trazaba las curvas como era debido, Alonso empezó a probar trayectorias alternativas. En la última curva del circuito, antes de una gran zona de DRS, Pérez le cazaba algunos metros en frenada, pero Fernando se abría mucho y entraba en la curva a muy baja velocidad para luego dar un pisotón al acelerador y salir con más agarre, más tracción y más rapidez. De esta manera lograba ganarle dos décimas a la salida de la curva y contrarrestaba las dos que Pérez le ganaba en la recta por tener abierto el DRS.

Hacía lo mismo en la curva 1, ya que justo después hay otra zona de DRS. Fernando la trazaba de manera distinta y, gracias a la distancia ganada, impedía que Pérez llegara lo suficientemente cerca a la frenada como para lanzarle el coche y adelantarle.

El ingenio de Fernando fue tan superior que el equipo Red Bull, al ver atascado a Pérez, tuvo que preguntarle por radio si podía copiarle las trazadas. Pero, cuando esto sucedió, Alonso empezó a realizar trazadas aún más extrañas con el objetivo de confundir a su rival y hacerle creer que así se iba más rápido. El mexicano no hizo sino perder tiempo intentando copiarle.

Tras más de una docena de vueltas de persecución, Pérez logró salir bien de la última curva y adelantó al español en la penúltima vuelta del Gran Premio. Todo parecía vendido. Pero al llegar la última vuelta, Fernando volvió a tirar de ingenio. Probó uno de esos amagos de adelantamiento que mencionábamos anteriormente, y Pérez se achantó y llevó a cabo una trazada defensiva con la que perdió tiempo. Alonso lo aprovechó, salió muy cerca de él en la curva 1 y, en la siguiente zona de DRS, le adelantó. Lo que a Checo Pérez le había costado quince vueltas, al piloto asturiano le costó una.

Gracias a esa gran defensa, logró mantener la tercera posición cruzando la línea de meta tan solo 53 milésimas por delante del mexicano. Por estos motivos se necesitan pilotos ágiles de manos pero también de mente. Y en el caso del español, sin duda, se nota que la veteranía es un grado.

Como veis, hay maneras y maneras de evaluar a los pilotos de la parrilla independientemente del coche que tengan. Pero he de reconocer que a veces estas cualidades no se aprecian lo suficiente debido al pobre rendimiento de los monoplazas… o de sus compañeros. En el 2021, por ejemplo, parecía que Mick Schumacher era un talentazo en comparación con su compañero, Nikita Mazepin. No obstante, fue quitarse a Mazepin de en medio y colocar a Kevin Magnussen a su lado para que el *hype* por el mini-Káiser se desvaneciera.

En el 2023 parecía que el rendimiento de Yuki Tsunoda con el AlphaTauri era increíble, ya que su compañero Nyck de Vries estaba sufriendo mucho. En cambio, al reemplazar al neerlandés por Daniel Ricciardo o por Liam Lawson, la percepción de que el japonés estaba arrasando se disipó, ya que ambos le plantaron cara al cabo de unos pocos Grandes Premios.

Sin embargo, en otros casos las diferencias entre uno y otro son evidentes. No os diré quién es el mejor, porque al final depende mucho de tu criterio personal y de qué cualidad consideres más valiosa. Pero quizá esto que os he contado os sirva para decantaros por un piloto u otro.

AUTOMOVILISMO FEMENINO: ¿POR QUÉ NO HAY MUJERES EN LA FÓRMULA 1?

Y, para terminar todo lo que engloba a los pilotos, hay que plantearse otra pregunta muy común: ¿cómo es que no hay mujeres compitiendo en la Fórmula 1? Es una cuestión muy acertada, pues el automovilismo es uno de los pocos deportes mixtos que existen. Es decir, siempre ha permitido que las mujeres compitan con los hombres en la misma categoría.

A lo largo de la historia del mundo del motor, algunas mujeres han logrado brillar. En WRC encontramos a la gran Michèle Mouton, ganadora de cuatro *rallyes*, subcampeona del mundo en 1982 y vencedora de otras prestigiosas carreras como las 24 Horas de Le Mans de 1975 en la categoría de prototipos de menos de dos litros.

En IndyCar tenemos el caso de Danica Patrick, ganadora de la Japan 300 en el 2008. Obtuvo grandes resultados en las 500 Millas de Indianápolis, como su cuarta posición en el 2005 (el año de su debut) y su tercer puesto en el 2009, una temporada en la que además terminó quinta en la clasificación general.

En las categorías de resistencia hay varios ejemplos, como el de Sabine Schmitz, dos veces ganadora de las 24 Horas de Nürburgring, y el equipo de Iron Dames, exclusivamente femenino, que se ha apuntado muy buenos resultados.

Y, sí, en la Fórmula 1 también han pilotado mujeres..., pero muy pocas. Tan solo seis han tomado parte en un Gran Premio en toda la historia de la disciplina. Y, de esas seis, solo dos pudieron clasificarse y participar en una carrera: Maria Teresa de Filippis y Lella Lombardi, ambas italianas.

Maria Teresa de Filippis participó en la década de 1950 en cinco Grandes Premios. Se clasificó para tres carreras y su mejor resultado fue una décima (y última) posición en Spa-Francorchamps.

Lella Lombardi fue, sin duda, la mujer más exitosa en la historia del campeonato. Compitió en la década de 1970 en diecisiete Grandes Premios y logró clasificarse para doce carreras. Ha sido la única mujer capaz de puntuar en carrera oficial, con una sexta posición en el Gran Premio de España de 1975.

Tomaron su relevo en la Fórmula 1 la británica Divina Galica (1976-1978), la sudafricana Desiré Wilson (1980) y la italiana Giovanna Amati (1992), pero ninguna de ellas logró clasificarse para ninguna carrera.

La última presencia femenina en la parrilla llegó en las temporadas 2014 y 2015, con la escocesa Susie Wolff. La expiloto del DTM alemán participó en cuatro sesiones de entrenamientos libres con el equipo Williams en los Grandes Premios de Alemania, Gran Bretaña y España. En una de esas sesiones se clasificó a dos décimas del piloto oficial de Williams en aquel momento, Felipe Massa.

Otras mujeres han tenido recientemente la oportunidad de probar un Fórmula 1, eso sí, en test privados. La última fue la británica Jessica Hawkins, con Aston Martin en el 2023. De habla hispana destaca la colombiana Tatiana Calderón, que probó un Sauber en el 2018. Y, evidentemente, debemos recordar a nuestra añorada y querida María de Villota, que llevó a cabo varios test con el equipo Lotus y perdió la vida por los daños sufridos a raíz de un accidente probando el Marussia del 2012.

Quizá la última mujer que tuvo una oportunidad real de convertirse en piloto oficial fue la suiza Simona de Silvestro. Esta piloto, muy competitiva en la IndyCar americana con pobres monoplazas, recibió una propuesta del equipo Sauber para realizar multitud de test en el 2014, participar en carreras, prepararse y dar el salto como piloto oficial en el 2015. Sin duda, era la mujer más preparada en décadas. Desafortunadamente, al llegar octubre, De Silvestro se desvinculó de Sauber después de varios conflictos contractuales. El motivo siempre será un misterio, pero se ha de tener en cuenta que ese año Sauber la lio y se comprometió con cinco o seis pilotos diferentes de cara al 2015. Así que

Simona fue, simplemente, una «víctima» más de esas falsas promesas.

Desde entonces, ninguna otra mujer ha rozado la más mínima posibilidad de incorporarse como piloto titular en la Fórmula 1. Y, viendo el panorama, da la sensación de que pasarán como mínimo cinco o seis años más sin que tengamos noticias en ese sentido. ¿A qué se debe todo esto? ¿Por qué nunca aparece alguien capaz de plantar cara a los grandes del motor? Para muchos, la respuesta fácil es la diferencia física. Para mí, es algo más bien estadístico.

Faltan mujeres compitiendo en monoplazas. Falta más interés del público femenino por el automovilismo. Si hubiese más mujeres compitiendo, habría más competencia. Si hubiese más competencia, el nivel aumentaría año tras año. Y con más nivel todo sería más fácil, o al menos no pasaría tanto tiempo entre un talento generacional y otro. No hay más.

Pensad que la Fórmula 1 es un sitio en el que es muy pero que muy difícil entrar. Seas hombre o mujer. Solo dispone de veinte asientos por año, y la mayoría se mantienen ocupados de una temporada a otra. ¡Entre la temporada 2019 y la 2023 solo hubo nueve *rookies*! ¡En cinco años! Los afortunados fueron Alex Albon, Mick Schumacher, Nikita Mazepin, Yuki Tsunoda, Guanyu Zhou, Nyck de Vries, Liam Lawson (como sustituto temporal), Logan Sargeant y Oscar Piastri.

Y de esos nueve, como dato, solamente dos tuvieron impacto en la categoría: Albon y Piastri. Schumacher, Mazepin y De Vries duraron poquísimo, Lawson solo participó como sustituto, y Tsunoda, Sargeant y Zhou no han demostrado un enorme talento que digamos tras bastante tiempo en el Gran Circo.

Esto nos muestra algo muy importante para entender el vacío femenino en las parrillas de la Fórmula 1: si ya es difícil encontrar pilotos «fuera de serie» entre una auténtica marea de hombres, imaginaos lo complicado que será hacerlo entre las poquísimas mujeres que compiten contra ellos en categorías de promoción.

Para que entendáis lo grande que es la brecha en la actualidad, he decidido hacer un recuento de todos los pilotos, hombres o mujeres, que participaron en una carrera como mínimo en las siguientes categorías de monoplazas durante la temporada 2023:

Categoría	Todos los pilotos	N.º de mujeres
Fórmula 2	25	0
Fórmula 3	35	1
F. R. Europea	51	1
F. R. Japonesa	25	1
F. R. de Oriente Medio	37	0
EuroCup 3	28	0
F4 Española	49	0
F4 Británica	27	0
F4 Francesa	27	0
F4 Italiana	50	3
F4 de Estados Unidos	44	3
TOTAL	398*	9
	Porcentaje	2,26 %

* Algunos hombres participaron en más de un campeonato el mismo año (p. ej., el español Mari Boya, que lo hizo en la Fórmula 3, la EuroCup 3 y la F. R. de Oriente Medio). Por tanto, el número de 398 pilotos distintos es una mera aproximación.

La grandísima mayoría de esos trescientos y pico hombres se quedará por el camino. La demanda es muy alta, y la oferta, muy limitada (algunos años no hay ni una sola vacante en Fórmula 1). E insisto: si de por sí ya es difícil dar con un fuera de serie entre esos varios centenares de hombres, imaginaos entre tan solo nueve mujeres.

Estoy convencido, convencidísimo, de que cuando aparezca una mujer con talento, apoyos no le faltarán. Todos querrán subirse al carro y colgarse la medallita de que «¡fui yo quien apoyó a la primera gran mujer en Fórmula 1!», «¡yo gesté esta situación histórica!». Desde luego, a la propia F1 le interesa, y mucho. Simplemente no se ha dado todavía el caso.

Lo que se necesita ahora mismo es visibilidad, como en otras disciplinas deportivas. Hay que fomentar que las chicas, desde pequeñas, se interesen cada vez más por el mundo del motor y quieran apuntarse a los karts (si la cartera lo permite). En los últimos años se han dado pasos para ello, como la creación de campeonatos exclusivamente para mujeres: la W Series y la F1 Academy.

La W Series se fundó con el objetivo de apoyar las carreras deportivas de mujeres, que carecían de financiación, y darles visibilidad. En este campeonato, ya desaparecido, las mujeres no pagaban absolutamente nada (algo casi insólito en el automovilismo), sino que solo debían batirse en unos test comunes y pasar el corte para ser seleccionadas. Las más rápidas en los test entraban en el campeonato y participaban con el «mismo equipo», es decir, corrían con el mismo monoplaza (un Fórmula 3, por cierto).

Pero la W Series solo se celebró tres años, entre el 2019 y el 2022 (en el 2020 se suspendió por la COVID-19). En esas tres ediciones, la campeona fue Jamie Chadwick. La británica arrasó, pero no le sirvió para prepararse de cara a otros campeonatos. Tras su éxito, la metieron en la Fórmula Regional Europea con PREMA Racing, el mejor equipo. Terminó el año en novena posición. Sus compañeros de equipo fueron los tres primeros.

Digamos que el campeonato cumplía una función muy importante, que era la de visibilizar las carreras de estas jóvenes y ponerlas bajo el foco mediático con el fin de que algún equipo de Fórmula 1 llamara a la puerta, cosa que no sucedió. Lo cierto es que la W Series falló a la hora de formar a las pilotos. El nivel del campeonato era bajo, y, claro, una vez que salían de ahí, se encontraban con la realidad.

El campeonato, como decimos, quebró a finales del 2022, y entonces fue la Fórmula 1 la que se lanzó al ruedo fundando la F1 Academy para llenar el vacío. Este campeonato, ahora con monoplazas inferiores (de Fórmula 4), tiene la misma premisa que la W Series. La española Marta García fue la ganadora en su primera edición, la del 2023.

La ejecución, eso sí, fue bastante cuestionable. Primero, la F1 Academy no retransmitió ninguna carrera del campeonato salvo la última, con lo cual el bombo mediático, sin imágenes, quedó en agua de borrajas. A partir del 2024, eso sí, acompañarán a la Fórmula 1 varios fines de semana.

Tampoco convenció la selección de las participantes. La subcampeona, Léna Bühler, terminó la temporada con veintiséis años. Recordemos que, por mucho que se llame F1 Academy, no deja de ser un campeonato de Fórmula 4. La media de edad de los participantes de la Fórmula 4 Española en el 2023 fue de diecisiete años. No sé qué pinta cierta gente en campeonatos de F4.

Solo el tiempo dirá si la F1 Academy seguirá el mismo rumbo que la W Series. Desde luego, es un gran concepto para dar visibilidad a las pilotos y motivar a las chicas a atreverse con el *karting*. Pero tengo mis dudas sobre si vale la pena como campeonato de formación y si las mujeres participantes saldrán verdaderamente preparadas para participar en otras competiciones júnior.

Mi opinión es que estos campeonatos no deberían existir. Primero, porque el automovilismo siempre ha sido mixto. Y, segundo, porque me parece que juntar a jóvenes de dieciocho años con pilotos de veintiséis a veintiocho que no se han comido un rosco en el mundo del motor no las prepara para nada. El listón en esos campeonatos es bajo, y cuando salgan se encontrarán con un nivel infinitamente más alto para el que lo más probable es que no estén preparadas (ojalá no sea así dentro de pocos años).

¿Cuál es mi propuesta? Aunque reconozco que tiene algunas flaquezas, creo que es mucho mejor invertir todo el dinero destinado a las W Series (o, actualmente, a la F1 Academy) en la formación de un Junior Team a lo Red Bull. Una academia de jóvenes pilotos exclusivamente femenina donde las participantes no tengan que preocuparse por conseguir financiación o patrocinadores personales y se dediquen a prepararse para competir en los campeonatos mixtos ya existentes.

De esta forma pasarían los cruciales años de formación rodeadas del nivel más alto posible, esforzándose y aprendiendo, en vez de competir con pilotos sin ningún tipo de proyección. Y tendrían visibilidad, ya que participarían en categorías muy seguidas por televisión, como la Fórmula 2 o la Fórmula 3, en las que toma parte el Red Bull Junior Team, entre otros.

Y ya solo nos quedaría esperar mientras se fomenta el automovilismo femenino para que cada vez haya más peces en el mar. Así sería más fácil encontrar a esa fuera de serie que cambie la historia. Algo que terminará sucediendo en el mundo del motor, al igual que en otras disciplinas deportivas, como el fútbol. Después del pelotazo que dio el fútbol femenino en España tras su épica victoria en el Mundial del 2023, tengo muchas ganas de ver el nivel que habrá alcanzado dentro de cinco o diez años.

Porque así ha sido siempre y así lo seguirá siendo. Constante evolución y mejora. No tengo dudas de que, tarde o temprano, aparecerá una mujer en la Fórmula 1 que copará los titulares. En la categoría reina ya hay mujeres que lo han logrado desempeñando otros roles. La más famosa en la actualidad es Hannah Schmitz, la jefa de estrategia del equipo Red Bull.

Schmitz es un gran ejemplo de la falta que hace tener referentes que te hagan creer que todo es posible. Ya ha motivado a muchas chicas a meterse en el mundo de la ingeniería, y lo afirmo con conocimiento de causa porque es lo que ha ocurrido en mi propia familia.

Así que ya veremos quién es la próxima referente como piloto.

Com a enginyera potser seràs tu, Anna.

CAPÍTULO 4

LOS EQUIPOS

El automovilismo es un deporte de equipo, igual que casi todos los deportes mayoritarios. El piloto es siempre el que marca la diferencia, pero este solo brillará si el equipo se lo permite. No quiero hacerme pesado, pero uno de los grandes objetivos de este libro es hacer que esto quede más claro que el agua. Siempre habrá quien trate de desmerecer las victorias de alguien diciendo: «¡pero si es más mérito del coche que del piloto!» o «el setenta por ciento de la victoria es gracias al coche». Ya, ¿y qué? ¿Qué esperáis de una competición de coches, que el cien por cien del mérito sea del piloto? ¿En qué cabeza cabe? Pues claro que tienen más mérito el coche y el equipo que el piloto.

En la actualidad forman la parrilla de la Fórmula 1 diez equipos: Mercedes, Red Bull, Ferrari, McLaren, Alpine, AlphaTauri, Aston Martin, Williams, Sauber y Haas. Como dije al principio del libro, cada entidad es responsable de construir su propio monoplaza prácticamente pieza por pieza, salvo algunos componentes que sí puede comprar a otros fabricantes o incluso a otros equipos. Uno de esos componentes, que además es vital, es el motor. Pese a que la parrilla está compuesta por diez equipos, solo hay cuatro motoristas (fabricantes de motores) para todos: Mercedes, Ferrari, Renault y Red Bull Powertrains-Honda. Red Bull Powertrains utiliza desde el 2022 motores diseñados por Honda, que además le brinda su ayuda y soporte durante la temporada, pero la unidad de potencia recibe el nombre de Red Bull porque la marca japonesa anunció su salida de la Fórmula 1 a finales del 2021.

Cada equipo cuenta con dos pilotos en sus filas. ¿Por qué dos y no uno? Históricamente los constructores siempre han querido llevar la mayor cantidad posible de monoplazas a los Grandes Premios, ya que es una demostración de fuerza. De los años cincuenta en adelante, los equipos grandes solían participar con tres, o incluso cuatro en algunas carreras. Pero cuando el campeonato se fue profesionalizando, la FIA (anteriormente FISA) quiso evitar el caos que antaño se formaba en las parrillas de salida.

Antes cada equipo llevaba el número de monoplazas que le venía en gana, y, por otra parte, se permitía que pilotos locales se apuntaran al cotarro con su propio coche, sin impedimento alguno. Como lo oís. Te bastaba con tener dinero y un cochazo en tu chalet de Moncofa para poder inscribirte en el Gran Premio. Tus mecánicos podían ser perfectamente tu primo y tu tía, y del *catering* podía ocuparse el primo hermano de tu madre. Y hala, a correr. Viva la Pepa. Esto duró muchos años, hasta que se llegó a la conclusión de que había que poner un límite. Así que al final se estableció que cada equipo pusiera en liza un máximo de dos coches.

De esta forma, los campeonatos de constructores empezaron a ser más igualados y cobraron mayor relevancia. Antes, un equipo con un solo coche no competía en pie de igualdad con otro que contara con cuatro bólidos cada fin de semana. Por otra parte, se quitaron de encima a gran parte de esos *gentlemen drivers* que, sin equipo, se inscribían por su cuenta y riesgo con sus coches personales. De esta manera se logró subir el caché del campeonato. Ya no podía apuntarse cualquiera, sino que había que tener un buen equipo y una estructura sólida capaz de participar con dos coches.

EL CONTINUO DESARROLLO DEL MONOPLAZA

Como decía, cada equipo fabrica dos monoplazas idénticos para sus dos pilotos, siendo las únicas diferencias entre ambos las que cada piloto requiera para amoldar el coche a su gusto, especialmente en lo que respecta a la carga aerodinámica. Habrá quien piense que, una vez diseñado y fabricado el coche, los equipos dan por concluido su trabajo y se limitan a competir, pero nada más lejos de la realidad.

En la Fórmula 1 da igual que arranques el año con la mejor máquina de la parrilla. A menudo, una escudería comienza la temporada con un monoplaza que no ha tenido tiempo de desarrollar del todo y siguen perfeccionándolo en cada Gran Premio para alcanzar su auténtico potencial. Pero, claro, los que arrancaron el año con el coche más destacado también deben buscar mejoras para contrarrestar la progresión de los equipos que le van a la zaga. Si dejas de introducir mejoras en el coche, por muy bueno que sea, terminarán dándote caza.

Esos cambios son los responsables de que el Campeonato Mundial de Constructores pueda terminar de manera muy distinta a como empezó. Algunos equipos, conforme incorporan esos *packs* de mejoras, ascienden mucho en la clasificación general, mientras que otros se muestran incapaces de aumentar sus prestaciones.

En la temporada 2023 pudimos ver varios ejemplos perfectos de todo esto. Un caso claro de evolución es el del equipo McLaren. La escudería de Zak Brown arrancó el año muy descontenta con su monoplaza. Los británicos reconocieron no haber cumplido las expectativas y afirmaron que empezaban el campeonato con un coche que no estaba plenamente desarrollado. Los primeros Grandes Premios de McLaren lo pusieron de manifiesto: fueron un desastre.

No obstante, el equipo prometió que durante la temporada irían introduciendo progresivamente *packs* de mejoras que pulirían los grandes problemas del McLaren MCL60. En la cuarta carrera del año, en Azerbaiyán, incorporaron el primero, y a partir de entonces dejaron de ocupar las últimas posiciones de la parrilla.

En los Grandes Premios de Austria y Gran Bretaña, hacia el ecuador del calendario, introdujeron otros *packs* que no solo mejoraron su ritmo, sino que incluso los auparon a la zona alta: fueron el segundo mejor equipo en Silverstone. Como veis, en la Fórmula 1 puedes pasar de ocupar prácticamente el último puesto a ser segundo en cuestión de unas pocas carreras.

Tenemos un ejemplo contrario, el de la involución, con Aston Martin. El equipo británico sorprendió a propios y extraños aterrizando con un coche sorprendentemente competitivo en la pretemporada de Baréin. Con ese monoplaza, Fernando Alonso completó seis podios en los primeros ocho Grandes Premios. La ilusión en España estaba por las nubes al ver que el asturiano se encontraba cada vez más cerca de la trigésimo tercera victoria de su carrera deportiva en la Fórmula 1, más de diez años después de la última. Sin embargo, mientras Red Bull seguía siendo imbatible, Mercedes cambiaba el concepto de su monoplaza, Ferrari corregía sus problemas de degradación de neumáticos y McLaren daba un gran salto en rendimiento..., Aston Martin se quedó estancado.

La estructura de Lawrence Stroll presentó mejoras en el Gran Premio de Canadá, tratando de equilibrar la balanza entre la pobre velocidad punta del coche y la gran velocidad que mostraba en curva lenta. Pero entonces su gran ventaja, el desempeño en curva, se desvaneció, y su velocidad punta tampoco llegó a superar la de Red Bull.

De un plumazo, el segundo mejor monoplaza de la parrilla pasó a ser el quinto, y el que había arrancado penúltimo subió al cuarto puesto (incluso terminó segundo en alguna carrera que otra). No había transcurrido ni la mitad de la temporada. De ahí la importancia de las mejoras: esto no va de quién presenta el mejor coche en marzo, sino de quién se mantiene en cabeza hasta diciembre.

La incapacidad de mejorar ha liquidado a muchos equipos. Si habéis seguido la Fórmula 1 estos últimos años, recordaréis el caso de Haas. En el 2018 y en el 2022, el equipo estadounidense llevó al primer Gran Premio de la temporada un coche extraordinariamente veloz. Un sorpresón, dado que casi eran unos recién llegados en la categoría y su presupuesto ascendía a cuatro euros y un zumo de piña.

El subidón del 2018 fue el más destacable, ya que arrancaron la temporada como los líderes de la zona media. De quedar octavos en el 2016 y el 2017 a ser cuartos en el Gran Premio de Australia. Guau. Gran trabajo, sí. Pero su monoplaza dejó de evolucionar. No fueron capaces de mejorar, ya que gran parte del diseño del monoplaza no era «suyo» (ya lo explicaremos luego). Entonces, ¿qué pasó? Terminaron siendo el sexto equipo.

Y la vida sigue igual para ellos. En el 2022, su primer Gran Premio fue tremendo, pero en el resto de los circuitos tuvieron un rendimiento terrible. Y en el 2023, más de lo mismo: completaron el primer tercio de la temporada como el séptimo equipo del Mundial, pero hacia final de año Williams, AlphaTauri e incluso Alfa Romeo mejoraron bastante y mandaron a Haas al último puesto.

Claro está que cada equipo juega con el desarrollo del monoplaza según sus intereses, ojo: los hay que quieren mejorar lo máximo posible para terminar la temporada en lo alto de la clasificación, mientras que otros ponen freno a su desarrollo para centrarse en el diseño de las siguientes temporadas.

Por poner un ejemplo reciente, el propio equipo Haas empezó la temporada 2021 con un monoplaza que daba muchos problemas. Por tanto, viendo el percal que supondría tratar de solventar las carencias del coche, y teniendo en cuenta que en el 2022 cambiaba el reglamento técnico, anunciaron que desistían del desarrollo del monoplaza del 2021 para centrar todos sus esfuerzos en el del año siguiente.

¿Cuál fue el resultado? En el 2021 quedaron últimos, seguramente el mismo puesto que habrían ocupado de haber seguido desarrollando el coche, pero en el 2022 le dieron la vuelta a la tortilla y se metieron un poco más en la zona media. Un año de sacrificio y pérdidas por varios años de ganancias, se supone.

Esto no pasa solamente con los equipos del fondo de la parrilla, aquellos que «no tienen nada que perder», ya que también los hay que van bien y, pudiendo ir mejor, deciden apostarlo todo al año siguiente.

Eso fue lo que ocurrió en el 2008 con BMW Sauber. Después de una primera temporada compleja en el 2006, al año siguiente mejoraron bastante y triplicaron la cantidad de puntos del curso anterior. Pero consideraron que no era suficiente: estaban allí para ganar. Así que durante la temporada 2007 decidieron frenar el desarrollo del monoplaza y centrarse antes de hora en el coche del 2008.

La decisión terminó siendo todo un acierto, ya que en el 2008 lograron fabricar un monoplaza aún más competitivo y tuvieron opciones reales de ganar el Campeonato del Mundo. No eran los máximos favoritos, desde luego, pero aprovechando las batallitas de Lewis Hamilton y Felipe Massa en busca de su primer título, el equipo suizo-germano se coló en los primeros puestos con un Robert Kubica que llegó a liderar el Mundial tras su victoria en el Gran Premio de Canadá. Pero quisieron volver a probar suerte, como en la temporada 2007..., y esta vez les salió el tiro por la culata.

Como en la temporada 2009 habría cambios importantes en el reglamento, BMW Sauber también desechó la temporada 2008 a costa de desarrollar con más fuerza el próximo bólido. De esta forma, la escudería alemana empezó a caer frente a Ferrari y McLaren, y se quedó sin opciones de luchar por el Mundial. Pero, como decía, esta vez no les salió bien la jugada, porque el BMW Sauber de la temporada 2009 fue una gran decepción. En el 2007 habían hecho un *all in* que les funcionó en la campaña siguiente, pero esta vez fue todo lo contrario. De hecho, la 2009 fue la última temporada de la alianza de BMW con el constructor suizo Sauber, que correría de forma independiente a partir del 2010.

Cabe mencionar que los paquetes de mejoras suelen poner en evidencia las preferencias del equipo por uno de sus pilotos. Cuando una escudería trabaja en el desarrollo de nuevas piezas, las fabrica con cuentagotas porque son muy costosas y no sabe si van a funcionar o no. Por tanto, es habitual que dichas mejoras solo alcancen para un monoplaza. Después, una vez probadas en pista, si se verifica que funcionan, se producen más unidades y, en el siguiente Gran Premio, también se incorporan al otro coche. ¿A quién le llegan primero esas mejoras? Pues al que más metido esté en la lucha por el Mundial.

Que no pasa siempre, ¿eh? Muchas veces, cuando los pilotos están más o menos igualados en el campeonato, eligen a uno de los dos casi al azar para que pruebe las nuevas piezas y, si todo va bien, intentan que el otro las incorpore cuanto antes. Pero cuando se trata de un equipo que lucha por una posición destacada en el Mundial, todo cambia.

En el 2023, el primero que estrenó las mejoras en Aston Martin fue Fernando Alonso; en Williams, Alex Albon, que era el único que tiraba del carro; en McLaren, Lando Norris. Esto suele ser lo habitual: te fías más del piloto que está delante en la clasificación, ya que hay que maximizar sus opciones en el campeonato.

A partir de ahí, la papeleta queda en manos del piloto, que es el que debe dictaminar si el incesante trabajo de los currantes de su fábrica tiene o no recompensa. Quizá pensabais que los equipos «solo» fabricaban dos monoplazas por año, pero no por nada hay 1200 empleados en la factoría de Mercedes en Brackley. Cuando terminan un monoplaza, les falta tiempo para ponerse a mejorarlo. Y, mientras tanto, van diseñando el siguiente. Un no parar.

El no parar es tan real que la propia Fórmula 1 se ve obligada a poner límites. Pensad que cuando el campeonato termina existe un «parón invernal» para los aficionados, pero las fábricas siguen trabajando a destajo para rematar el nuevo coche antes de la siguiente pretemporada. Sin embargo, por reglamento, los equipos deben cerrar sus fábricas durante un determinado período para que los ingenieros y operarios tengan unas mínimas vacaciones. De lo contrario, seguirían deslomándose día tras día para sacar una décima de segundo más.

Que la Fórmula se preocupe por que los trabajadores tengan vacaciones puede parecer fantástico, pero dentro de las fábricas existe cierta disconformidad. Y lo más sorprendente es que esta disconformidad no viene de los jefes, sino de los empleados. Pensadlo: trabajar en una escudería es de por sí muy exigente. Las jornadas laborales son intensas y la Fórmula 1 ocupa gran parte de tu vida. Como cualquier empleado de cualquier empresa, tienes derecho a X días de vacaciones. Pero como la organización impone ciertos períodos en los que la fábrica debe estar cerrada, las vacaciones te las comes en esas fechas quieras o no. Y cuando la fábrica vuelve a abrir, te quedan muy pocos días libres para el resto del año.

¿Quieres irte de viaje con tu pareja, amigos o familiares, qué sé yo, en octubre? No puedes, te quedarías sin días libres del tirón. ¿Quieres volver una semanita a España para inflarte a jamón ibérico, cansado de la terrible gastronomía británica? Vale, pero olvídate de regresar hasta Navidad. Es ahí donde la Fórmula 1 te puede quemar como trabajador: ocupa una parte tan grande de tu vida que hasta controla tus días libres y fechas de vacaciones. Es por cosas así por las que está repleta de auténticos apasionados de este deporte: sin esa chispa por la categoría reina no aguantarían el ritmo que llevan.

Y a lo mejor parece una tontería, pero las fechas de vacaciones impuestas por la Fórmula 1 incluso pueden ser molestas e incómodas para ciertos trabajadores. Antes del 2023 las fábricas solo cerraban en agosto, aprovechando el parón veraniego. Pero a lo largo de ese mismo año la FIA confirmó que establecerían otro parón, esta vez invernal, coincidiendo con las fiestas navideñas.

Desde un punto de vista eurocentrista, es una maravilla. Vuelves a casa, estás con tu familia y celebras las fiestas con los tuyos sin tener que preocuparse por el trabajo. «Pero ¿qué pasa con la gente de otra procedencia que no es cristiana o no celebra nada en Navidad? Tengo compañeros que siempre deciden trabajar en Navidad mientras nosotros nos vamos porque, para ellos, esta época no tiene ningún significado especial. Prefieren trabajar y reservar las vacaciones para reunirse con los suyos coincidiendo con las festividades de su cultura. En estas fechas se ven obligados a quedarse en casa, solos y sin nada que hacer, viendo como los demás celebran sus tradiciones. Además, pierden días de vacaciones.» Esto me lo dijo un ingeniero de la F1. Me dejó los ojos como platos. Tiene razón, pero supongo que nunca llueve a gusto de todos.

EL REPARTO ECONÓMICO Y EL LÍMITE PRESUPUESTARIO

Como decía, en la actualidad participan 10 equipos, y lo suyo sería que todos compitieran por la victoria con sus 20 pilotos, pero la verdad es que entre las diversas escuderías hay muchas diferencias y todas tienen metas distintas. ¿Por qué? Por el presupuesto.

La Fórmula 1 es una categoría muy pero que muy costosa, necesitas dinero a raudales si quieres contar con opciones reales de luchar por el Mundial. Y, por supuesto, el dinero que pueden llegar a tener fabricantes como Mercedes o Ferrari está muy por encima del presupuesto de equipos más humildes como Haas. Los ingresos pueden llegar por diferentes vías: el capital de los propietarios del equipo, la aportación de inversores y patrocinadores, los pilotos de pago y el reparto económico de la FOM, entre otras.

FOM son las siglas de Formula One Management. Es la entidad que dirige todo el cotarro. Son ellos los que alcanzan los acuerdos comerciales de la Fórmula 1 con las marcas, negocian la entrada de nuevos Grandes Premios y equipos, y se encargan de las retransmisiones internacionales, que luego venden a las televisiones. Estas pagan una millonada para tener los derechos de emisión, y con ese dinero la FOM cubre gastos y hace un reparto entre los participantes.

Cada año, la FOM distribuye cerca de mil millones de dólares entre los 10 equipos, y la cantidad que se lleva cada uno depende de los resultados que haya logrado en el Campeonato de Constructores. Meritocracia: si consigues muy buenos resultados, obtendrás un buen premio económico; en cambio, si tu coche no tira, recibirás menos dinero.

Sobre el papel suena muy bonito, pero se ha de reconocer que aquí no se aplica la meritocracia al cien por cien, porque algunos equipos, además de llevarse los ingresos que les corresponden por sus resultados deportivos, reciben extras por ser «históricos», unos bonus a los que escuderías más jóvenes, como Haas o AlphaTauri, no pueden optar. Ferrari, gracias a un antiguo acuerdo, sigue llevándose 50 millones de dólares más que el resto cada temporada... por el simple hecho de ser

Ferrari. Es la forma que tiene la Fórmula 1 de preservar en la parrilla a los equipos de siempre, para que no se les pase por la cabeza abandonar la categoría.

Cuando Liberty Media tomó los mandos de la F1, anunció que uno de sus grandes objetivos era establecer un reparto económico mucho más equitativo e igualitario, pero todavía no ha hecho público lo repartido tras los resultados del 2021.

Hace poco, equipos como Force India o Lotus sufrían para llegar a final de temporada y tenían que pedir adelantos a la FOM o ayudas a Bernie Ecclestone para que todo el mundo se llevara su sueldo. Con el nuevo reparto se trata de evitar que los equipos victoriosos cuenten con 1000 trabajadores en sus fábricas mientras los más modestos no llegan a fin de mes.

Para que os hagáis una idea, el último reparto económico de la FOM que se conoce fue el que hizo en el 2021 de acuerdo con los resultados del Mundial del 2020:

	Equipo	Resultados deportivos*	Bonos*	Total*
1.º	Mercedes	124	21	145
2.º	Red Bull	116	16	132
3.º	McLaren	108	7	115
4.º	Racing Point	100		100
5.º	Renault	92	5	97
6.º	Ferrari	85	50 + 15	150
7.º	AlphaTauri	77		77
8.º	Alfa Romeo	69		69
9.º	Haas	61		61
10.º	Williams	53	6	59

* En millones de dólares.

Como podéis observar, la cantidad ingresada por cada equipo puede variar muchísimo dependiendo de su posición en el Campeonato de Constructores, y es por ello por lo que nadie se rinde hasta que termina la temporada (a no ser que lleven a cabo planes arriesgados, como los mencionados antes). A ojos del espectador medio, las escuderías que no están en el Top 3 «no se juegan nada» porque están lejos de la victoria, pero la realidad es que todas ellas se dejan la vida hasta el último Gran Premio porque hay una diferencia muy grande entre terminar quinto o séptimo.

En ocasiones, estas batallas son más intensas que las que se libran en lo alto de la parrilla: pueden llegar a ser duelos por la supervivencia. Para equipos con presupuesto muy limitado, concluir el año con veinte millones arriba o veinte millones abajo puede asegurar su presencia la temporada siguiente o suponer el cierre de su fábrica.

El último ejemplo de estos grandes duelos en el fondo de la parrilla es el que protagonizaron Sauber y Manor en la temporada 2016. Sauber es el equipo que recientemente ha competido bajo el nombre de Alfa Romeo, por la cooperación de la marca italiana con la escudería suiza; y Manor fue un pequeño equipo que se incorporó a la Fórmula 1 en el 2010 y estuvo compitiendo hasta el 2014 bajo los nombres de sus patrocinadores e inversores principales, Virgin Racing y Marussia F1 Team.

Estas dos escuderías estaban atravesando una mala racha que duraba varias temporadas. Cada año obtenían peores resultados deportivos y veían caer sus ingresos en el reparto de la FOM. Bueno, de la FOM y de unos patrocinadores que no tienen interés en los equipos que no aparecen en pantalla. Sauber y Manor ni siquiera puntuaban, y necesitaban dinero urgentemente para mantenerse en la categoría. Y, sin patrocinadores, la única manera de conseguirlo era obrando un milagro deportivo: anotarse un puntito para ganar una posición en el Campeonato de Constructores y, por tanto, recibir más parte del pastel.

Ese milagro pareció llegar para Manor en el Gran Premio de Austria, con Pascal Wehrlein, el «canterano» de Mercedes, consiguiendo su primer y único punto de la temporada al terminar en décima posición. Pero, desafortunadamente, a dos carreras del final del campeonato, Sauber pescó en río revuelto en el apasionante Gran Premio de Brasil y logró la novena posición con el piloto local Felipe Nasr, superando así a Manor en el Mundial por un solo punto de diferencia.

El equipo británico, por tanto, perdió lo que habría supuesto aproximadamente una sexta parte de su presupuesto para el año siguiente. Un mes después, la escudería anunció que no podía continuar participando en la Fórmula 1. Esa, amigos míos, es la importancia de un solo punto por la novena plaza del Campeonato de Constructores. Por eso insisto en que es apasionante seguir los avances de cada equipo en cada Gran Premio de la temporada: cada uno tiene sus propias batallas que librar.

También tenemos recientemente el caso de AlphaTauri. Durante toda la temporada 2023 venía ocupando la última posición del Mundial de Constructores. Todo apuntaba a que se iba a llevar el peor resultado de su historia, en un año en el que, además, se rumoreaba que el equipo terminaría desapareciendo o cambiando de dueños. Sin embargo, tras un gran esfuerzo por parte de su fábrica en Faenza, AlphaTauri mejoró sustancialmente su coche en los últimos Grandes Premios. Fue capaz de puntuar en tres carreras consecutivas y, casi sobre la bocina, remontó de la décima a la octava posición. Más de quince millones de dólares como recompensa extra. Por eso son tan importantes los *packs* de mejoras, incluso para los equipos que «no se juegan nada».

Hasta hace muy pocos años, los equipos de la Fórmula 1 podían gastar todo el dinero que quisieran para tratar de llevarse el Campeonato del Mundo, pero desde la temporada 2021, junto con un reparto económico mucho más igualitario, se han encontrado con una nueva medida que ha cambiado el paradigma: el límite presupuestario.

La desigualdad entre el presupuesto del ganador y el del último clasificado era más que evidente. Por eso la nueva directiva del campeonato, con el objetivo de agrupar la parrilla y dar más oportunidades a los humildes frente a los grandes fabricantes, decidió poner un techo al ilimitado gasto de los más privilegiados.

Ese techo se estableció en 145 millones de dólares para el 2021, 140 para el 2022 y 135 para el 2023 y las temporadas siguientes. La relevancia de esta medida se pudo notar en el 2022, ya que la FIA hizo público que Aston Martin y Red Bull no habían cumplido con el límite presupuestario fijado para el 2021.

Red Bull recibió una sanción económica y sufrió una penalización que limitaba sus horas de prueba en el túnel de viento, algo que suscitó división de opiniones en la prensa y entre los aficionados. Algunos incluso pidieron que descalificaran a Red Bull en el 2021, pero su infracción fue considerada «leve».

Más allá de esta circunstancia, el límite presupuestario causó controversia en los grandes equipos. En una temporada inusual por el gran cambio introducido en el reglamento técnico, con nuevos monoplazas diseñados para poder competir mejor, Mercedes, Ferrari y Red Bull alertaron, incluso antes de llegar al ecuador de la temporada, de que iban a exceder dicho límite, sin saber exactamente si recibirían por ello sanciones económicas o deportivas.

Estos tres equipos fueron los que más presionaron en contra de esta nueva medida. La razón es evidente: gastaban mucho más que sus competidores, de manera que lo esperado era que fuesen los más afectados. Pero es cierto que, tarde o temprano, la normativa del límite presupuestario tendrá que cambiar: primero, porque da la impresión de que se está limitando el presupuesto de forma muy poco progresiva y que la mayoría de los equipos llega con problemas a final de temporada; y, segundo, porque esta propuesta fue anterior a una inflación económica que, poco a poco, está atizando a todo el mundo.

¿CÓMO PARTICIPAR EN LA FÓRMULA 1?

Cualquiera podría pensar que entrar en la Fórmula 1 es «fácil»: pones el dinero, te inscribes en el campeonato y a rodar, ¿no? Y si luego el proyecto es un fracaso, pues a sobrevivir como buenamente se pueda. Pero no, nada más lejos de la realidad. Seré claro: es más fácil encontrar trabajo en España de lo que has estudiado que entrar en este campeonato. Bienvenidos al maravilloso mundo del politiqueo en la Fórmula 1.

Partamos de la base de que esta competición no es apta para cualquier marca. Debes saber muy bien lo que estás haciendo y asegurarte de que tu proyecto es lo más sólido posible. Estamos hablando de una de las categorías deportivas más caras del mundo. Mucha gente ha subestimado lo que significa entrar en el Gran Circo, creyendo que ganar una carrera era pan comido, y ha terminado yéndose con una mano delante y otra detrás.

Esto les ha pasado a decenas de marcas con prestigio, pero quizá el caso más exagerado sea el de Toyota. El fabricante de coches más grande del planeta, tras cosechar bastante éxito en otras disciplinas como los *rallyes* o las carreras de resistencia, decidió apostarlo todo a la Fórmula 1. Y así fue como en el 2002 nació el equipo Toyota Racing.

Los japoneses quisieron ocuparse de todo: de fabricar el monoplaza y de desarrollar un motor propio. No cooperaron con ningún otro equipo, sino que confiaron en sus empleados pese a no tener experiencia en la Fórmula 1. Esperaban ganar al cabo de unos pocos años, pero ya os podéis imaginar lo que sucedió.

En ocho temporadas no consiguieron ninguna victoria. No hicieron coches extremadamente malos, que conste. Hay que destacar su Toyota TF105, del 2005, con el que alcanzaron la cuarta posición del Mundial de Constructores. Y habrían terminado terceros de no ser por el infame Gran Premio de Estados Unidos de esa temporada, en el que solo participaron seis coches por problemas con los neumáticos Michelin.

En definitiva, fueron tan cabezotas que pensaron que podían ganar a su manera, sin darse cuenta de que en la Fórmula 1 no existe «tu» manera. O te adaptas a algo tan nuevo y especializado como la categoría reina, o te comen. Y se los zamparon.

Ese Toyota TF105 fue obra de Mike Gascoyne, un reputado diseñador e ingeniero británico. Lo ficharon por haber obtenido en 1999 el mejor resultado de la historia de Jordan Grand Prix y por haber mejorado sustancialmente al equipo Renault pocos años antes de sus primeros Campeonatos del Mundo.

Gascoyne, indudablemente, hizo un gran trabajo con Toyota como director técnico. Pues bien, un año después de esa gran temporada, le echaron a la calle. ¿Por qué? Por «diferencias de opinión». Es decir, por no encajar bien con los cabezotas. Esos mismos cabezotas que cambiaron de neumáticos Michelin a Bridgestone en la temporada 2006 obedeciendo órdenes de «arriba», con toda la dirección técnica en contra porque ya dominaban los neumáticos franceses. Fue pasarse a Bridgestone y hundirse de nuevo.

Pese a los resultados, en Toyota presumían de hacerlo todo bien. Si había algún culpable de que rodaran tan lentos, esos eran sus pilotos. Tras su temporada de debut en el 2002, despidieron a los dos, Mika Salo y Allan McNish. Este último advirtió a su sustituto, Cristiano da Matta, del politiqueo que se iba a encontrar dentro del equipo; no sabía dónde se estaba metiendo.

Debió hacerle caso. Da Matta fue el siguiente en ser despedido. En sus propias palabras: «Siempre he dado mi opinión allá donde he competido. Estoy habituado a señalar las debilidades de un coche para que el equipo pueda mejorarlo. Pero en Toyota, cada vez que decía que el coche subviraba, la gente se enfadaba. Todo el mundo era demasiado susceptible e inseguro». Con esto os hacéis una idea.

Toyota tuvo en el 2008 uno de los presupuestos más grandes de la historia del campeonato: 445 millones de dólares. Ajustado a la inflación de estos años, echadle unos 615-620 millones. En una sola temporada. Añadidle unas instalaciones alucinantes en Colonia y una dupla de pilotos muy competitiva. Pero nada, absolutamente nada, asegura tu éxito en una categoría como la Fórmula 1. Si no, mirad Ferrari: quince años sin ganar un Mundial.

Es por ello por lo que los constructores deben ser conscientes del reto al que se enfrentan antes de meterse en el fango. Y es por ello también por lo que la propia Fórmula 1 ha de conocer muy bien a quién está dejando entrar en casa. El campeonato no quiere proyectos fallidos: busca solidez, la involucración total del constructor en el Mundial. Y si tu estructura no da buena espina, la FOM te puede bloquear el acceso.

En la Fórmula 1, la FIA puede abrir las inscripciones a nuevos equipos para ampliar la parrilla (el reglamento actual permite hasta 12 equipos en pista, 24 coches en total), pero la FOM tiene la potestad de bloquear la incorporación de nuevas marcas si considera que pueden perjudicar al negocio.

Los equipos de la parrilla ni pinchan ni cortan en la toma de decisiones a la hora de aceptar o rechazar solicitudes, pero influyen mucho en la postura de la FOM. Y los equipos actuales están totalmente en contra de que entre uno nuevo. ¿Por qué? ¿No quieren más competencia? ¿Tienen miedo? No. Simplemente no están dispuestos a perder dinero.

En los últimos años se ha hablado mucho del proyecto de Andretti Global, auspiciado por la mítica familia italoamericana Andretti. Está comandado por Mario Andretti, campeón del mundo de Fórmula 1 en 1978, y cuenta con una gran estructura automovilística en Estados Unidos, por sus participaciones en la IndyCar y en otras categorías.

El hijo de Mario, Michael, también expiloto de Fórmula 1, lleva ya unos cuantos años intentando crear un equipo en la categoría, y en el 2022 sorprendió al presentar un megaproyecto aliándose con Cadillac, de General Motors. Su atractivo es indudable. Pero, aun así, ni a los equipos ni a la Fórmula 1 les interesa.

Los equipos actuales no quieren verlo ni en pintura. Les da igual quién sea; lo único que les importa es que si entra un nuevo equipo en la parrilla, perderán una parte de los ingresos del reparto económico de la FOM. El total a repartir es el mismo año tras año y, si entrase Andretti, habría que dividirlo entre 11 en vez de entre 10.

Para compensar esa pérdida de dinero, existe una norma que obliga a toda nueva escudería a pagar en concepto de entrada 200 millones de dólares, que se reparten entre los equipos de la parrilla (20 millones por cabeza). Es como una especie de garantía por si luego el proyecto no sale adelante.

Los Andretti están más que dispuestos a pagar esa cantidad, pero los equipos de la Fórmula 1 no las tienen todas consigo. Algunos piden hasta 700 millones de dólares de entrada, 70 por equipo, esgrimiendo que la Fórmula 1 es ahora mucho más valiosa. Esto es algo que incluso podría considerarse ilegal, al contravenir las leyes antimonopolio de la Unión Europea. Con esta barrera tan alta, prácticamente impides la participación de cualquier otra estructura en tu negocio.

Puedo llegar a entender la preocupación de los equipos ante la llegada de un nuevo equipo. Si vas a perder dinero por abrirle las puertas a Andretti, has de asegurarte de que su entrada en la categoría aporte valor a la Fórmula 1. Si le aporta valor, atrae a más aficionados. Si atrae a más aficionados, atrae más marcas. Si atrae más marcas, se gana más dinero. Y si la FOM gana más dinero, los equipos también.

Como digo, es normal que tengan sus dudas sobre si una nueva escudería dará o no más valor al campeonato, porque la última vez que abrieron las puertas a muchos equipos, estos no aportaron absolutamente nada.

Al término de la temporada 2009, Toyota abandonó el campeonato, por lo que el número de participantes se redujo a nueve. La Fórmula 1 aceptó que en el 2010 entraran tres nuevos equipos, lo que amplió la parrilla a 12. En concreto, ingresaron Virgin Racing, Team Lotus y HRT F1 Team, el primer equipo español de la historia.

Virgin Racing, posteriormente Marussia F1 Team y Manor Racing, era un equipo anglorruso que duró siete años y que, de los recién llegados, fue el único capaz de puntuar en un Gran Premio: consiguió tres puntos en un total de 133 carreras disputadas. Con un presupuesto nulo de entrada, intentaron diseñar un monoplaza sin utilizar el túnel de viento y, tras pésimos resultados, fueron pasando a manos de otros inversores.

Team Lotus era un equipo malayo que duró cinco temporadas. Compitió con este nombre en el 2010 y el 2011, y su mayor batalla no la libró en pista, sino fuera de ella, ya que estaba utilizando la denominación de la mítica escudería de Fórmula 1 Lotus Racing, y tuvo que afrontar varios pleitos para determinar si podía hacerlo. El Lotus Racing auténtico regresó a la F1 en el 2011. En el 2012, el antiguo Team Lotus pasó a llamarse Caterham F1 Team. En cualquier caso, no se comieron un rosco y quebraron antes de terminar el 2014; solo pudieron cerrar la temporada gracias al *crowdfunding* que organizaron sus aficionados.

Y HRT F1 Team, como digo, fue el primer equipo español de la historia. La plaza la ganó el gran Adrián Campos con su proyecto Campos Meta 1, pero por falta de financiación acabó en manos del Grupo Hispania, de José Ramón Carabante, que lo renombró como Hispania Racing Team (HRT). Tristemente, el sueño español solo duró tres temporadas, entre el 2010 y el 2012. Su inexistente presupuesto les impedía terminar el coche antes de la pretemporada, y no lo probaban hasta los entrenamientos libres del primer Gran Premio. Esto hizo que en el 2011 y el 2012 ni siquiera pudieran participar en la primera carrera del año.

Podría pasarme horas contando los malabarismos de estos tres equipos durante esos años, pero no vamos a eso. Tras leer cómo les fue, entenderéis por qué los equipos actuales piensan que uno nuevo no aportaría nada. Sacrificaron una gran parte del pastel para permitir la participación de esos tres, y ya ves tú lo que hicieron. ¿Por qué volver a permitir la entrada de otro forastero? Su postura es comprensible.

Pero las circunstancias de esos tres equipos no eran las mismas. Ni mucho menos, vaya. Team Lotus/Caterham no tenía experiencia en el mundo de las carreras antes de meterse en este tinglado. Virgin/Marussia/Manor sí, pero poca: solo diez años de bagaje en la Fórmula Renault Británica y la Fórmula 3 Euroseries. HRT gozaba de la experiencia de Campos Racing en más de seis campeonatos durante doce años..., pero sus integrantes fueron apartados cuando Carabante se puso al frente.

En cambio, Andretti Global acumula casi treinta años de experiencia en las máximas categorías de monoplazas de Estados Unidos, además de haber hecho sus pinitos en otras disciplinas, como carreras de resistencia, *rallycross* y turismos, y de haber participado en otros campeonatos, como la Fórmula E, donde ya lleva diez temporadas. Ha logrado 95 victorias en la IndyCar, seis de ellas en las míticas 500 Millas de Indianápolis, y se ha alzado con cuatro campeonatos.

Y no solo eso, sino que llegaría a la Fórmula 1 en una alianza con General Motors, una de las marcas automovilísticas más grandes del mundo, que suministraría el motor a sus monoplazas. ¿Me estás diciendo que un proyecto Andretti-Cadillac es comparable a los otros tres que acabamos de mentar? ¿De verdad la incorporación de General Motors no aportaría valor al campeonato? Pues claro que aportaría valor.

Cuesta creer que a la Fórmula 1 no le interese, teniendo en cuenta que su principal objetivo en la actualidad es explotar al máximo el mercado de Estados Unidos. Andretti y Cadillac son dos marcas estadounidenses que, además, han manifestado su propósito de contratar pilotos del país de las barras y estrellas. Es imposible, repito, que a la Fórmula 1 no le interese. Pero los equipos de la parrilla pueden tocarle mucho las narices si permite que Andretti-Cadillac entre en la categoría.

¿POR QUÉ INTERESA PARTICIPAR EN LA FÓRMULA 1?

Puede que muchos de vosotros os estéis preguntando si vale la pena meterse en un negocio tan sumamente complicado, en el que corres el riesgo de sufrir gigantescas pérdidas y lo más seguro es que apenas obtengas ganancias. Es cierto que no es fácil. Os aseguro, no obstante, que participar en la Fórmula 1 es de gran valor por una enorme cantidad de motivos.

Esos motivos han ido evolucionando a lo largo de los años, como es natural. Cuando no había intereses económicos y los equipos ni siquiera concebían la incorporación de patrocinios en el diseño de sus monoplazas, se participaba por puro placer o por hacer una demostración de fuerza. La Scuderia Ferrari, por ejemplo, nació de la pasión de Enzo Ferrari por las carreras de coches.

Il Commendatore se metió en el mundo de la automoción a bordo de un Alfa Romeo. Cuando tras varias carreras dejó de competir como piloto, se interesó por la gestión de equipos y fundó la Scuderia Ferrari dentro de la propia Alfa Romeo, que por problemas económicos y presiones del gobierno italiano carecía de una estructura automovilística sólida.

Ferrari compitió como un equipo de fábrica con sus propios coches y participando ampliamente en el diseño. Tras algunos años funcionando de esta manera, y después de experimentar un notable crecimiento económico bajo la dictadura de Benito Mussolini, que era un gran admirador de sus coches, en 1937 la Scuderia Ferrari fue absorbida por Alfa Romeo, que decidió trasladar sus instalaciones y nombrar su equipo de carreras como Alfa Corse. Alfa estaba de vuelta en las carreras.

Pero varios desencuentros hicieron que en 1939 Enzo Ferrari abandonara Alfa Romeo y fundara otra escudería propia, denominada provisionalmente Auto-Avio Costruzioni por la imposibilidad de utilizar su nombre durante unos años.

Insisto en que el único objetivo de Ferrari era participar en el mundo de las carreras. No fue hasta 1947, al cabo de ocho años, cuando empezó a fabricar coches con el propósito de venderlos al público. Hasta entonces solo había producido los vehículos justitos para correr, como el mítico 125 S y el 159 S, pero en 1948 salió a la venta el Ferrari 166 Inter. Se fabricaron 38 unidades de este modelo.

Lo mismo podemos decir de Maserati, otra estructura presente en el primer Gran Premio del primer Campeonato del Mundo de Fórmula 1, celebrado en 1950. Esta escudería, también italiana, se fundó en 1914 y empezó construyendo coches de carreras para otros fabricantes. Hasta 1926 no produjo los suyos propios, con su nombre. Pero solo eran coches de competición: el mundo tuvo que esperar veintiún años para ver por las calles el primer Maserati, el 1500 Gran Turismo.

Fue diferente en el caso de Mercedes. La marca alemana nació de la empresa Daimler, que creó su primer vehículo en 1892. Poco a poco fue metiendo la patita en el mundo de las carreras y, tras un período compitiendo, se fusionó en 1926 con Benz. Ahí está el origen de la actual Mercedes-Benz.

Mercedes alcanzó grandes triunfos en el mundo del automovilismo con sus famosas «flechas plateadas», apodo que sus vehículos todavía conservan. Sin embargo, tras el «desastre de Le Mans» de 1955 —un terrible accidente durante las famosas 24 Horas en el que fallecieron 82 personas—, abandonó oficialmente el mundo de las carreras.

Pasaron años, décadas, sin que Mercedes-Benz mostrara el más mínimo interés en volver a rodar en los circuitos. En los años ochenta, algunos equipos de competición utilizaron vehículos de la marca alemana para sus carreras, pero no contaban con un soporte oficial por parte de Mercedes. El automovilismo seguía siendo para ellos un tabú tras haberse visto involucrados en la masacre de 1955.

En 1984 inauguró una alianza, digamos que suboficial, con Sauber Motorsport. Esta estructura, conocida por su participación en la Fórmula 1 desde los años noventa, empezó compitiendo en lo que hoy sería el Campeonato Mundial de

Resistencia. Según el propio Peter Sauber, solamente recibían ayuda de un grupo de ingenieros de Mercedes en su tiempo libre.

Pero en 1987 todo cambió. Con la llegada del profesor Werner Niefer a la presidencia del Consejo de Administración de Mercedes-Benz, los alemanes decidieron crear un departamento de competición para involucrarse oficialmente, al fin, en el mundo de las carreras.

Y es ahí donde vemos una de las primeras visiones modernas del interés por participar en el automovilismo. Atrás quedó la pasión como motivo principal para competir. En palabras de los alemanes en su informe anual de 1987, Mercedes volvía a competir «para recopilar experiencia y conocimiento de utilidad en la producción de coches de carreras y de alto rendimiento».

En 1988 explicaron que este compromiso con el *motorsport* era muy provechoso para innovar e intercambiar conocimiento con otros departamentos de la empresa. Bastó un año para que presumieran de que sus motores V8 estándar de producción consumían menos combustible gracias a la incorporación de nuevos materiales y sistemas electrónicos usados en las carreras.

Es por ello por lo que la implicación de Mercedes en el automovilismo fue en aumento. En 1993 regresaron a la Fórmula 1 como fabricantes del motor de Sauber. Y en 1995 se pasaron a McLaren, con la que formaron la legendaria alianza McLaren-Mercedes, que perdura ya veinticuatro temporadas.

Y ahí lo tenéis. La historia, la pasión y la demostración de fuerza a la antigua usanza siguen siendo motivos para estar en la categoría, pero la principal razón de las marcas es que la Fórmula 1 es un excepcional banco de pruebas para testar nueva tecnología e incorporarla a tu producción de coches de calle, o incluso a otras disciplinas.

Digamos que meterse en la F1 es un todo en uno: a la vez que inviertes una millonada para probar nuevos conceptos, formas parte de uno de los espectáculos más grandes del mundo, con la recompensa en *marketing* que eso conlleva. Mientras compites, logras promocionar tu marca y tus productos a un nivel superior. Y si además ganas, el prestigio que se lleva tu estructura es aún mayor y más gente se interesa en tus coches. Yo mismo he sido testigo de ello: mis padres compraron dos Renault, un Mégane y un Clio, tras los dos títulos mundiales de Fernando Alonso. El de mi madre todavía lleva puesta la pegatina de «2005 & 2006 World Champions». Evidentemente, jamás le permitiré que la quite.

Un ejemplo perfecto de lo interesante que puede ser la Fórmula 1 para los constructores de coches es el cambio de reglamento que se aplicará en el 2026 (lo explico enseguida). Ya sabéis que a partir del 2035 la Unión Europea prohibirá la venta de coches nuevos con motor de combustión alimentado por gasolina o gasóleo. Un objetivo quizá excesivamente ambicioso, dada la insuficiente infraestructura de puntos de recarga en países como el nuestro (entre otros motivos).

La única manera de salvar el motor de combustión más allá del 2035 es utilizando combustibles sintéticos, siempre y cuando sean producidos con energías renovables. De esta forma sería posible seguir vendiendo coches «convencionales», como ocurre con los actuales coches híbridos, que cuentan con una parte eléctrica y otra de combustión.

Y..., ¡sorpresa, sorpresa!, ¿cuál es el mejor sitio para experimentar con esa tecnología? Exacto: la Fórmula 1. Según el reglamento previsto en el 2026, los monoplazas de la parrilla utilizarán combustible sintético en motores híbridos, la potencia eléctrica será hasta tres veces mayor y cada coche llevará 30 kilos menos de combustible sin pérdida de potencia, o eso dice la FIA.

¿Resultado? Honda, que quería marcharse de la F1, se queda como productor de motores. Ford, el tercer fabricante con más victorias en la historia de la categoría, vuelve tras veintidós años de ausencia para trabajar con Red Bull y su Red Bull Powertrains. Y Audi, por primera vez en su historia, también suministrará motores en su asociación con Sauber Motorsport, que, de hecho, correrá bajo el nombre de Audi después de que los alemanes hayan comprado parte de la entidad suiza.

Este cambio en el reglamento ha hecho que, por primera vez desde la gran crisis mundial del 2008, la Fórmula 1 cuente con seis motoristas en pista. Y ojo: si la FOM acepta a Andretti como nuevo equipo en la parrilla, podrían ser siete, ya que General Motors también ha mostrado interés, siempre y cuando les permitan competir.

A todo esto hay que añadirle algo que he mencionado tímidamente hace unas líneas: el *marketing*. La Fórmula 1 no deja de crecer en audiencia. Es, además, uno de los deportes que, contra todo pronóstico, más se están rejuveneciendo: gracias a la parafernalia de las redes sociales y de los documentales y series (como *Formula 1: Drive to Survive*, en Netflix).

Recordemos que las ventas de coches a jóvenes han caído en picado. Y no precisamente porque «ya no queramos uno», como se dice en la tele, ni por otras absurdidades legendarias, como la de que no nos independizamos porque no nos da la gana o que, siguiendo «la nueva moda de convivencia», preferimos vivir en 20 metros cuadrados con otras cuatro personas.

Antes el coche se veía como algo esencial, y los jóvenes ansiaban tener uno en cuanto alcanzaban la mayoría de edad. Ahora, entre los grandes problemas económicos y, quizá, la sensación de que no es tan necesario por la mejora del transporte público, el interés de los jóvenes por comprar un automóvil se ha desplomado. Pues bien, nada mejor para meterlos de nuevo en el mundo del motor que la categoría que más está rejuveneciendo a sus aficionados. Blanco y en botella.

Y, más allá del *marketing* para los propios constructores, hay que pensar en el dinero que se pueden llevar por el patrocinio de unas marcas que cada vez pagan más por pintar los coches con sus colores. Se estima que Oracle, el patrocinador principal de Red Bull, pagó entre 300 y 500 millones de dólares por un acuerdo de cinco temporadas. Según *Sportcal*, Red Bull Racing se lleva anualmente 226 millones de dólares en patrocinios. El límite presupuestario, recordemos, está en 135 millones.

Red Bull es un buen ejemplo de pasión y, especialmente, *marketing*. La marca de bebidas energéticas no está metida en el mundo de la automoción ni tiene el propósito de hacerlo, pero participa en la Fórmula 1 por dos grandes motivos.

El primero fue la pasión de su fundador Dietrich Mateschitz, tristemente fallecido en el 2022. El austríaco era un amante del deporte e intentó meterse en la Fórmula 1 a toda costa. El primer paso lo dio como patrocinador personal del piloto Gerhard Berger, al que le planteó su apoyo antes de haber establecido siquiera su empresa. Conforme crecía Red Bull, lo hacían también sus patrocinios: en 1995 empezó a financiar al equipo Sauber; poco después fundó la famosa cantera del Red Bull Junior Team, que tantos pilotos exitosos ha formado; y, tras finiquitar su acuerdo con Sauber por varios desencuentros, cumplió en el 2004 su sueño de ser propietario de un equipo al comprarle Jaguar a Ford, estructura que, por cierto, trabajará junto a Red Bull en el 2026.

Y el segundo motivo, evidentemente, no es otro que el *marketing*. Sus patrocinios en la Fórmula 1 durante los años noventa fueron cruciales para que la empresa creciera en visibilidad. Su presencia en la categoría reina del automovilismo es una de tantas, entre un largo listado de patrocinios que hace que cuando uno piensa en Red Bull le vengan a la cabeza, entre muchos otros sectores, la energía, las aventuras y los deportes de riesgo, en los que la marca cuenta con el gran activo de Red Bull Racing.

LAS ÓRDENES DE EQUIPO

Como habéis podido leer, formar parte de la Fórmula 1 es una apuesta deportiva extremadamente arriesgada. Muchas cosas pueden salir mal en cualquier momento, y nada asegura que tu proyecto se libre de tambaleos. En cada Gran Premio hay muchísimo en juego: acuerdos comerciales que deben ser protegidos, una gran inversión que debe ser recompensada y una enorme cantidad de empleos que deben ser preservados.

El trabajo que hay detrás de cada monoplaza, en todos los departamentos del equipo, es titánico. El esfuerzo, monumental. Pero, una vez que los coches salen a la pista, todo el peso de la escudería recae en dos personas. Cuando se apagan las luces del semáforo, los únicos responsables de mantener el barco a flote son los pilotos.

De ellos depende todo. Da igual que el equipo haya encontrado grandes patrocinadores para mejorar su presupuesto. Da igual que, aprovechando dichos ingresos, haya formado un gran grupo técnico. Da igual que los ingenieros hayan desarrollado un monoplaza competitivo. Da igual que los estrategas hayan acertado la táctica en carrera y que los mecánicos hayan clavado la parada en boxes. Si el piloto se estampa contra el muro, todo se va al garete.

El equipo ahí no puede hacer nada. Si uno de tus conductores tiene un accidente con otro piloto, es lo que hay. No vas a decirle que no luche por si termina chocando, evidentemente. Si no, a ver para qué compites. Pero ¿y si el otro accidentado es el segundo piloto de tu equipo? Ah, amigo, ahí sí que cambian las cosas.

Podríamos decir que esa es una de las leyes «no escritas» más importantes de la Fórmula 1. No te estampes, claro está. Pero, aún más importante, si te estampas, que no sea con tu compañero de equipo. Jamás. Es imperdonable. Con una sola maniobra mal ejecutada puedes fastidiar el fin de semana entero de la escudería y arruinar tu carrera y la de tu compañero.

El riesgo siempre está ahí. Por poder, puede pasar. Es por ello por lo que, cada vez que dos compañeros se cruzan en pista, el terror se apodera de los jefes. Y es ahí donde entra el concepto **órdenes de equipo**. Si la escudería teme jugársela y sufrir un accidente con sus dos pilotos implicados, no duda en interferir: habla por radio con ellos y les prohíbe batallar. Al piloto que va detrás le dicen que mantenga su posición, y al de delante, que espabile.

Recordad que los pilotos no dejan de ser empleados de una empresa. En pista deben luchar por la gloria personal, por supuesto, pero sus acciones jamás pueden perjudicar al equipo que los ha contratado. Por eso los pilotos jamás son cien por cien libres sobre el asfalto. Si el equipo te dice que pares el carro, lo paras y te aguantas. Algo anticlimático, lo sé, pero no van a morder la mano que les da de comer.

Generalmente es el equipo el que habla por radio para frenar a sus pilotos, pero os sorprenderá saber que, a veces, es uno de los pilotos el que pide al equipo que frene a su compañero. Algunos catalogan esto de cobardía, creen que recurren al equipo para que frene a su compañero porque no logran ser más rápidos que él, pero pedirlo puede tener sentido.

Fue lo que sucedió, por ejemplo, en el Gran Premio de Bélgica de 1998. Una carrera que, por cierto, es famosísima por lo caótica que fue. En la salida, 13 pilotos de los 22 que partían de inicio se estamparon bajo la lluvia, en un bestial accidente que, por suerte, no provocó heridos. El caos continuó hasta el final, con otro accidente entre Michael Schumacher, que iba en cabeza, y el doblado David Coulthard.

En fin, a lo que iba: después de tanto caos, el liderazgo de la carrera pasó a manos de Damon Hill, piloto de Jordan. Este equipo, «nacido» en 1991, no había ganado nunca ningún Gran Premio. En ocho años, solo habían liderado 11 vueltas en total. Hill estaba llevando a cabo una proeza. No obstante, en las últimas vueltas su primera posición empezó a peligrar. El segundo clasificado iba muy rápido y estaba en condiciones de adelantarle. Ese piloto era Ralf Schumacher: su compañero.

Jordan tenía a sus dos pilotos primero y segundo. Un sueño. De terminar así, el equipo irlandés se alejaría de sus rivales en el Mundial de Constructores. Este podía ser un resultado vital para ellos. Aquí es donde vosotros pensáis: «Bueno, para asegurar este resultado, le ordenaron a Ralf que frenara, ¿no?». Pues no.

Sus ingenieros, inicialmente, le dieron carta blanca al hermano de Michael para que atacara a Hill. O, por lo menos, no le dijeron nada. No interfirieron. El alemán presionó a Hill, y lo único que hizo su equipo fue rezar un rosario para que no chocaran.

Ante esta situación, Damon Hill estalló, encendió la radio y le dijo lo siguiente a su ingeniero: «Te voy a plantear algo, y creo que deberías escucharme con atención. Si luchamos por la victoria, si los dos luchamos entre nosotros, podríamos salir de aquí sin nada. Así que haré lo que diga Eddie [Jordan], decídselo a Eddie. Si no luchamos entre nosotros, tenemos la oportunidad de terminar primero y segundo. Es vuestra decisión».

Claro, conciso y directo: si Ralf Schumacher le atacaba, corrían el riesgo de chocar y perder 16 puntazos. Tras esta conversación, Jordan decidió actuar y prohibió a Ralf que atacara a su compañero. Hill ganó la carrera.

Las órdenes de equipo, eso sí, no solo existen para evitar accidentes entre sus dos pilotos. A lo largo de la historia, esta táctica se ha utilizado en multitud de ocasiones y contextos. Su uso más común en la actualidad es el de interferir para que un piloto no haga perder tiempo a su compañero.

Os pongo otro ejemplo, esta vez inventado, para que entendáis mejor la situación. Imaginad que estamos en Mónaco, un circuito complicado y estrecho donde adelantar es muy difícil y, por tanto, puedes perder mucho tiempo si te toca ir detrás de un piloto lento.

Uno de tus pilotos, Fernando Alonso, va primero, y muy rápido. El otro, Yuji Ide, por lo que sea, va sexto, y bastante lento. Ambos siguen estrategias distintas: Alonso ha arrancado la carrera con neumático blando, más degradable, de manera que tendrá que ser de los primeros en parar en boxes. Ide, en cambio, ha empezado con neumático duro, más resistente, así que será de los últimos en parar.

Cuando llegan las paradas en boxes, Alonso se mete en el *pit-lane*. Y, al volver a la pista, sale por detrás de Ide. Ahí estalla un conflicto: tienes a tu primer piloto con más ritmo que tu segundo piloto y con un neumático en mejor estado, pero va por detrás. Como está en Mónaco, no podrá adelantar a Ide por muy lento que vaya este. Y como Ide sigue una estrategia distinta, todavía le queda bastante para meterse en boxes y dejar de molestar al piloto asturiano.

Si no haces absolutamente nada, Alonso podría empezar a perder muchísimo tiempo detrás de su compañero, y permitir esto no tendría ningún sentido. Alonso está «en otra batalla», expresión que escucharéis mucho: no está luchando por la sexta posición, sino por la victoria; su lucha no es con Ide, sino con el segundo clasificado, que puede aprovechar el tiempo que él ha perdido tras la parada.

En ese momento, las órdenes de equipo cobran todo el sentido. Es entonces cuando el muro de ingenieros debe interferir y pedirle por radio a Ide que se deje adelantar. Así Alonso no perderá tiempo en su lucha por lo más alto.

Se dan muchísimas órdenes de equipo, especialmente si uno de tus pilotos es un firme candidato al Mundial. Cuando Lewis Hamilton luchaba por el Mundial entre el 2017 y el 2021, su compañero Valtteri Bottas se convirtió en un siervo. Las estrategias giraban alrededor del inglés; todo se hacía como él quería, y punto.

La orden más llamativa tuvo lugar en el Gran Premio de Rusia del 2018. El fin de semana de Bottas estaba siendo espectacular: consiguió la *pole* y lideraba la carrera; iba a ser su cuarta victoria en la Fórmula 1. No lo fue. Hamilton necesitaba sumar más puntos para afianzar su liderazgo en el Mundial, así que, en cierto punto del Gran Premio, a Valtteri le pidieron que se dejara adelantar para que su compañero ganara la prueba.

Muchos cuestionaron luego si era realmente necesario fastidiar el ambiente en el equipo para asegurar el campeonato. Hamilton gozaba de una gran ventaja sobre el segundo clasificado, 43 puntos, y solo faltaban cinco Grandes Premios para el final de la temporada. Pero, creedme, ha habido casos aún peores.

Quizá la orden de equipo más famosa de todos los tiempos, que no la más grave, sea la que se produjo en el Gran Premio de Austria del 2002 con la Scuderia Ferrari. Misma situación: Rubens Barrichello, compañero de Michael Schumacher, había liderado todo el Gran Premio saliendo de la *pole*. Fin de semana colosal. Pero en la última curva de la última vuelta, a escasos metros de la línea de meta, levantó el pie del acelerador para dejar pasar a su compañero.

Los comentaristas no se lo podían creer. El público estalló y abucheó a más no poder el himno de Italia en honor a Ferrari. El año anterior, en el 2001, ya había pasado algo parecido en el mismo circuito, con Rubens cediéndole a Michael la segunda posición de la carrera al llegar a la meta. Pero ¿sabéis qué fue lo más grave de todo en el episodio del 2002? Que sucedió en el sexto Gran Premio del campeonato. Estaban en mayo. Todavía quedaban once carreras, y Schumacher ya duplicaba en puntos al segundo clasificado tras solo cinco fines de semana. ¿De verdad era necesaria esa humillación, teniendo tanta ventaja y tanto campeonato todavía por delante?

Pues para eso están los compañeros cuando no tienen opciones de ganar el Mundial: para servir al equipo y proteger al líder. Es también muy destacable el caso del mexicano Checo Pérez con el equipo Red Bull. En el famoso Gran Premio de Abu Dabi del 2021, con su compañero Max Verstappen luchando por el Mundial contra Lewis Hamilton, Pérez jugó un papel fundamental.

Cuando Verstappen y Hamilton hicieron su primera parada en boxes, el segundo piloto de Red Bull se quedó en pista y se puso provisionalmente líder de la carrera. A Checo no le metieron en boxes hasta que Hamilton le cazó. Y cuando esto sucedió, recibió la orden de Red Bull: «Retenle». El piloto mexicano fue descaradísimo y rodó casi parado en mitad de la pista, arruinando así su propia carrera, pero frenando un montón el ritmo del británico, que es lo que su equipo necesitaba. En una sola vuelta consiguió que Hamilton perdiese más de ocho segundos y permitió que Verstappen le volviera a atrapar. Sin esa brillante defensa, Max no habría sido campeón.

Las órdenes de equipo, sin embargo, no siempre son respetadas. A lo largo de la historia, muchos equipos han sufrido de lo lindo para lidiar estratégicamente con sus dos pilotos. Porque cuando uno va más rápido que el otro es fácil llevar a cabo esas órdenes y luego justificarlas. Pero cuando los dos anotan ritmos similares, la cosa se complica y cunde la anarquía.

Los pilotos son animales competitivos con un hambre insaciable. Nunca les va a gustar apartarse y dejar pasar a su primer rival, pero en casos más que justificados no les queda otra. Si tu compañero está luchando por el Mundial contra otro equipo, pues hala, a apartarse. Pero... ¿y si el rival eres tú? Ni de broma. No es lo habitual, porque los equipos siempre tratan de evitar estas situaciones, pero a veces han coincidido dos gallos en el mismo gallinero, es decir, dos rivales por el Mundial en el mismo equipo. Y entonces no hay equipo que se atreva a interferir, ya que cualquier decisión puede beneficiar, directa o indirectamente, a uno de tus pilotos en detrimento del otro.

Ahí puede empezar la paranoia: afirmaciones del tipo «mi equipo favorece a mi compañero y me perjudica a mí»; división de la plantilla en dos para evitar líos, o que se comparta información demasiado sensible, y la impotencia de los jefes al no saber muy bien cómo actuar cuando las cosas se salen de madre.

En el siglo XXI se han dado muchos casos. Entre el 2014 y el 2016, Mercedes sufrió bastante gestionando los duelos entre Lewis Hamilton y Nico Rosberg, dos compañeros que terminaron chocando varias veces entre sí mientras luchaban por el Mundial. Entre el 2010 y el 2013, hubo también mucha tensión en Red Bull con Sebastian Vettel y Mark Webber, entre pullitas e incumplimientos de órdenes de equipo. En el 2007, a McLaren se le fue de las manos el Campeonato del Mundo con Fernando Alonso y Lewis Hamilton desbocados. Y así estaríamos un buen rato.

En fin, ya sabéis: si tenéis un corral, no juntéis dos gallos. Y si sois jefes de equipo en Fórmula 1, tampoco.

PACTOS ENTRE EQUIPOS

En la actualidad, muchos equipos tienen convenios y acuerdos con otros equipos de la parrilla. Más allá de la evidente relación entre Red Bull y AlphaTauri (antigua Toro Rosso), dos escuderías dirigidas por una misma entidad, hay otras asociaciones menos evidentes, como la que mantienen Mercedes y Williams.

En la década de los 2000, el equipo fundado por Frank Williams contaba con un motorista para ellos solos: BMW. Dentro de la Fórmula 1, esta marca centró todos sus esfuerzos en Williams, pero el equipo británico perdió fuelle y esta relación (entre muchas otras vinculadas con el patrocinio) se fue al garete. Después de no conseguir ningún acuerdo interesante, Williams se convirtió en un **equipo cliente**: dependía de que alguno de los motoristas presentes en la parrilla le vendiera sus motores.

Desde la era híbrida, el proveedor de motores para Williams es Mercedes, y el convenio inicial entre ambos se ha ido ampliando cada vez más. Hoy en día, Mercedes también suministra a Williams las cajas de cambios y el sistema hidráulico. A cambio, más allá de pagar por dichas piezas, Williams echa un cable a Mercedes en otras cosas, de forma más o menos directa. Por ejemplo, cuando Nico Rosberg anunció por sorpresa su retirada de la Fórmula 1, Mercedes necesitaba con urgencia un piloto y lo encontró en Valtteri Bottas, piloto de Williams en aquel momento.

Un par de años después de este movimiento, Mercedes estaba muy interesado en hacer un hueco en la Fórmula 1 al jovencísimo George Russell, campeón de la GP3 Series y la Fórmula 2 en dos temporadas consecutivas. ¿Dónde dio con un asiento para el británico? En Williams.

Durante tres temporadas, Mercedes estuvo «cocinando a fuego lento» a Russell en el equipo de Grove, en virtud de un acuerdo que satisfacía a ambas partes: por un lado, Williams contaba con un gran piloto e que elevaría su pobre monoplaza a posiciones inimaginables, especialmente en las series de clasificación (aunque incluso subió al podio en el controvertido Gran Premio de Bélgica del 2021); y, por otro lado, Mercedes se ahorraba los años de *rookie* y veía cómo el británico se convertía en un piloto cada vez más consistente, que apenas cometía errores en pista. Cuando consideraron que estaba listo, llegó el esperado ascenso de Russell a Mercedes para la temporada 2022, en la que terminaría venciendo a Lewis Hamilton en la clasificación de pilotos. Un plan sin fisuras.

El último ejemplo de la gran alianza entre estas dos estructuras llegó entre la temporada 2022 y la 2023. A última hora y sin avisar, Jost Capito, jefe de equipo de Williams desde que el grupo Dorilton Capital había adquirido la escudería, anunció su marcha. Esta noticia pilló totalmente por sorpresa al equipo, que ni mucho menos tenía preparado un plan B para cubrir esa baja. Pasaron varios meses sin noticias hasta que al final descubrimos el nombre del sustituto: James Vowles, el que hasta la fecha era el estratega jefe del equipo Mercedes.

Este movimiento hizo que se especulara con que la presencia de Mercedes en Williams fuera en aumento, al ver como la estructura germana perdía a uno de sus hombres más valiosos, y desde luego no es una teoría descabellada. De hecho, se establecía una conexión perfecta entre Vowles y el jefe de Mercedes, Toto Wolff, que propuso que su piloto probador, Mick Schumacher, siguiera creciendo como piloto en Williams. Y recordemos que Wolff, a fin de cuentas, llegó a tener acciones de Williams durante más de una década mientras estaba a los mandos del equipo Mercedes.

Otras escuderías también cuentan con sus respectivos acuerdos. Los equipos motorizados por Ferrari (Alfa Romeo y Haas) incluyeron en sus filas a pilotos de la Ferrari Driver Academy o relacionados de alguna manera con Ferrari en las últimas temporadas. En el 2018, el joven Charles Leclerc, actual piloto del Cavallino Rampante, hizo su debut en Fórmula 1. ¿Dónde? En Alfa Romeo Sauber. Un año después ascendería a la Scuderia.

Está también el caso de Antonio Giovinazzi, que no formó parte de la Driver Academy pero en el 2017 era el tercer piloto de Ferrari y debutó en la categoría con equipos motorizados por los italianos.

Estos «pactos» entre escuderías son de por sí evidentes, pero Mattia Binotto, el anterior jefe de equipo de Ferrari, no dejó lugar a dudas con unas declaraciones que hizo cuando Giovinazzi estaba a punto de perder su asiento en el 2021. Dijo que Ferrari no podía influir en las decisiones que tomara Alfa Romeo con respecto a su dupla de pilotos, «pero, como proveedores de motores [de Alfa Romeo], siempre estamos evaluando nuestra colaboración con este equipo. Y, evidentemente, la elección de los pilotos forma parte de esa evaluación». Una manera fantástica de dejarte claro que, si echas al piloto Ferrari de tu equipo, puede que nos planteemos algunos cambios.

CAPÍTULO 5

EL COCHE

Espero que a estas alturas del libro mis palabras os hayan enganchado lo suficiente como para seguir leyendo, porque a partir de ahora vienen curvas. Llega el mayor papelón que he tenido en mi vida: tratar de explicar, de la manera más sencilla posible, el vehículo de competición más complicado del mundo. El auténtico protagonista. La razón por la cual estamos aquí. Hablemos de esos cochecitos de colores.

Los Fórmula 1 son una obra maestra de la ingeniería. Coches bestialmente rápidos en línea recta, con una excepcional capacidad de frenada y un extraordinario agarre en curva. Un reto técnico absolutamente apasionante y, además, persistente, ya que los monoplazas cambian cada cuatro o cinco años de acuerdo con las modificaciones que se introducen en el reglamento técnico.

La FIA sufre mucho para redactar estos cambios en el reglamento, porque cada vez que tocan o limitan algo, los mejores ingenieros del mundo se las ingenian, nunca mejor dicho, para sortear las nuevas normas. En las fábricas encuentras a toda una jauría de pillos que, en busca de los vacíos legales de la escritura y con toda clase de triquiñuelas, intentan fabricar algo que ningún otro equipo haya interpretado de la misma manera.

Por este motivo, todos los cambios en el reglamento se reciben con gran entusiasmo. Siempre hay alguien que entiende mejor que nadie la nueva normativa y otro que la interpreta mal, y gracias a eso suele haber bastantes sorpresas en la parrilla. Es una de las mejores maneras de romper el dominio de un equipo.

Mercedes, por ejemplo, ganó el Mundial de Constructores de manera ininterrumpida entre el 2014 y el 2021. De cara al cambio de reglamento técnico del 2022, se la jugaron con un diseño rompedor que prácticamente eliminaba la zona de los pontones. Al ver este coche en la pretemporada, todo el mundo se llevó las manos a la cabeza. Parecía imposible que un monoplaza con ese diseño pudiera ser veloz, y muchos temieron que, una vez más, los alemanes hubieran entendido el reglamento mejor que nadie. Sin embargo, sucedió todo lo contrario: el diseño tenía potencial, pero el equipo sufrió mucho para encontrar el ritmo. No ganaron el Mundial ni en el 2022 ni en el 2023.

Los cambios en el reglamento son continuos para no frenar la constante evolución e innovación de la categoría. No solo sirven para agitar un poco la parrilla, que nunca está de más, sino también para reducir gastos, mejorar el rendimiento y la seguridad de los monoplazas, pulir problemas y cubrir otros objetivos.

En el 2009, por ejemplo, se simplificó la aerodinámica para recortar costes, aumentar la seguridad y permitir que los pilotos adelantaran en pista con más facilidad. En el 2014, la Fórmula 1 cambió la normativa de las unidades de potencia y se empezaron a utilizar motores híbridos, en línea con la nueva visión verde del sector del automóvil. En el 2017, después de tres temporadas con monoplazas lentos y poco ruidosos, se pasó a coches más anchos y menos restrictivos en aerodinámica, los cuales se convirtieron en los más rápidos de la historia. Y en el 2022 se volvió a limitar la aerodinámica para dar prioridad al espectáculo en pista por encima del rendimiento y la pura velocidad.

Esa es la Fórmula 1 que tenemos en la actualidad. Tras muchas reuniones entre la FOM, la FIA y los equipos, el reglamento vigente antepone el *show* a la vez que no deja de avanzar a nivel técnico para atraer a más fabricantes.

Entre el 2017 y el 2021, los monoplazas eran bestiales, especialmente los del 2020. Verlos dar una vuelta era una barbaridad. Pero tenían un problema: no se podían seguir de cerca debido al aire sucio, que luego explicaremos con más detalle (p. 139). Si esto ocurre, los coches tienen más dificultades para adelantarse; si no se adelantan, las carreras son bastante aburridas, y si las carreras son aburridas, el interés por la Fórmula 1 decae, tanto para los aficionados como para las marcas.

Es por ello por lo que los coches de estos últimos años son, a propósito, un pelín más lentos que los de la generación anterior. Su aerodinámica es más simple y su aire sucio molesta menos a los perseguidores, y, por tanto, los adelantamientos van en aumento.

Explicar en unas pocas páginas cómo funciona cada elemento de un Fórmula 1 es misión imposible. Existen miles de detalles en un monoplaza moderno que harían que nos pasáramos medio año tratando de resumirlos. Además, sufriríais para entenderlo, como de hecho sufren los propios expertos: cada pocos años los monoplazas cambian e innovan con nuevos elementos, lo que requiere un constante aprendizaje cuando ya se pensaba que se había visto todo en este deporte.

El diseño de un Fórmula 1 es radical, pero sus responsables no hacen nada que no hagan en el diseño de los coches de calle. El monoplaza es a fin de cuentas un automóvil, así que se enfrenta a los mismos problemas que uno normal (resistencia aerodinámica, temperatura, etc), solo que llevados al extremo para alcanzar los mínimos tiempos por vuelta en los circuitos, claro.

En un monoplaza, todo está ahí por algo; todo cumple una función. Pero en este libro nos vamos a centrar en los elementos más importantes y llamativos, para que podáis adentraros de la manera más sencilla posible en el mundo técnico de la Fórmula 1. Puede que para empezar a seguir las carreras no necesitéis conocer todo lo que os voy a explicar; yo mismo me inicié a los cinco años sin saber lo que era una caja de cambios. Quizá a algunos os cueste entender de primeras algunos conceptos, pero yo os dejo esta parte como guía para que la reviséis durante el año y vayáis aprendiendo cada vez más.

EL CHASIS

Arrancamos con lo esencial, que es el chasis. Se trata de la base de todo monoplaza, el elemento central sobre el cual se construye el resto del coche. Al ser la zona en la que se coloca el piloto, es la más segura de todo el vehículo.

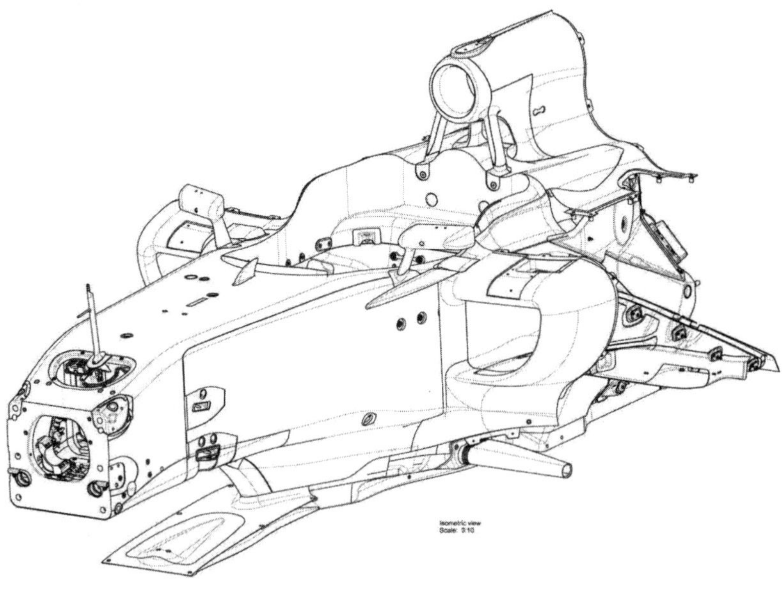

Es un chasis **monocasco**; de una sola pieza, vaya. Todo lo que veis en la imagen es un mismo elemento, está todo integrado. El monocasco se fabrica con fibra de carbono, un material de vital importancia en la Fórmula 1.

Trabajar con fibra de carbono es carísimo, por ello rara vez se ve fuera de este deporte, aparte de en los superdeportivos y en el mundo de la aeronáutica. Es un material fantástico, porque cumple con todo lo que desea un equipo: por una parte, es cinco veces más resistente que el acero y el doble de rígido, ideal para proteger al piloto en caso de accidente; y, por otro lado, es mucho más ligero. Esto, básicamente, ayuda a que el coche pese menos y alcance más velocidad, de ahí que la mayor parte del monoplaza esté hecha a base de fibra de carbono.

En el chasis encontramos la **célula de supervivencia**, responsable de preservar la vida del piloto, formada por innumerables componentes de seguridad. El elemento más llamativo y reciente es el **halo**, incorporado a la Fórmula 1 en la temporada 2018. Hasta esa temporada, los pilotos competían siempre con el casco al descubierto y sin ningún tipo de protección extra, pero tras varios accidentes peliagudos, la FIA tuvo que poner solución al problema.

En la clasificación del Gran Premio de Hungría del 2009, por ejemplo, un muelle que se soltó del coche de Rubens Barrichello impactó en la cabeza de su compatriota Felipe Massa, que perdió el conocimiento y se fue directo contra las barreras. El casco le salvó la vida, pero tuvo que estar medio año apartado de los circuitos.

La semana previa a ese incidente, en la Fórmula 2, el hijo del campeón del mundo John Surtees, Henry, murió a los dieciocho años después de que la rueda de un rival quedara suelta tras un accidente e impactara en su cabeza.

El debate volvió a abrirse tras el fatídico Gran Premio de Japón del 2014. En esta carrera, celebrada bajo una intensa lluvia, el francés Jules Bianchi perdió el control del monoplaza y chocó frontalmente con una grúa que se encontraba retirando de la pista a otro coche accidentado. El piloto de Marussia quedó en coma y falleció meses después, a los veinticinco años. Fue la primera muerte de un piloto en Fórmula 1 en dos décadas, tras el accidente del gran Ayrton Senna.

Bien es cierto que el halo, en esa ocasión, no hubiese evitado la grave lesión cerebral que sufrió el piloto, debido a la bestial desaceleración que experimentó al chocar con la grúa, pero desde luego propició, junto con los demás accidentes que he comentado, que los pilotos exigieran una mayor protección frontal para competir.

El halo pesa unos siete kilos y se encuentra integrado en el propio chasis. Está hecho de titanio, material resistente y también bastante ligero, y, según la FIA, puede soportar hasta doce toneladas de peso durante cinco segundos.

Cuando este elemento se empleó por primera vez, en el 2018, a casi todo el mundo le horrorizó. Aficionados, jefes de equipo y pilotos dijeron que era antiestético y que se cargaba la esencia de la Fórmula 1. Dos años después, nadie volvió a protestar: el halo salvó la vida del francés Romain Grosjean en uno de los accidentes más salvajes que se recuerdan, ocurrido en el Gran Premio de Baréin del 2020.

El monoplaza de Grosjean impactó en un guardarraíl con tanta fuerza que lo atravesó. El choque destrozó todo el coche; únicamente lo resistió el chasis, que terminó incrustado en la barrera. Y suena basto, pero es la cruda realidad: sin el halo, Romain habría sido decapitado. El halo aguantó y abrió la barrera lo suficiente para que el piloto de Haas encontrase un hueco por el que huir de las llamas. Sin ese elemento, habría sido la cabeza de Grosjean la que hubiera abierto la barrera.

El chasis del monoplaza de Romain Grosjean tras su grave accidente en el Gran Premio de Baréin del 2020.

Más allá del halo, la célula de supervivencia cuenta con otros elementos, como la **barra antivuelco**. No es nada nuevo, pues algunos coches de calle, como los SUV y los todoterrenos, ya cuentan con este componente, pero en el caso de los monoplazas está hecho a base de materiales mucho más resistentes, como el titanio y el acero avanzado.

La barra antivuelco es vital en un monoplaza, ya que, como recordaréis, la cabeza del piloto está al descubierto. Si por lo que sea la parte superior del coche se hunde y vuelca, la cabeza del piloto impactaría en el suelo y nos llevaríamos un disgusto considerable.

Recientemente, la FIA se llevó un susto con la resistencia de la barra antivuelco. En el Gran Premio de Gran Bretaña del 2022, Guanyu Zhou, piloto de Alfa Romeo, volcó a muy alta velocidad tras recibir un toque en la salida. Debido a la gravedad del impacto contra el suelo, a la velocidad que llevaba y a los metros que recorrió boca abajo, la barra

El Alfa Romeo de Guanyu Zhou se desliza boca abajo durante el Gran Premio de Gran Bretaña del 2022.

antivuelco quedó totalmente abrasada. Nunca se había sometido a un test de seguridad tan exigente y, claro, la pieza terminó como terminó.

Pero no os alarméis: Zhou está vivito y coleando. Gracias, una vez más, al halo. La barra antivuelco falló y el coche quedó aplastado contra el suelo, pero el halo ni cedió ni se abrasó mientras se arrastraba por el asfalto. Mantuvo el coche a cierta altura para evitar que la cabeza de Zhou tocara el suelo, y el piloto chino salió ileso pese a la espectacularidad del accidente.

Es por ello por lo que en la Fórmula 1 los avances en seguridad nunca cesan. Un día puede fallar una cosa, pero te puede salvar otra. En su momento, la FIA dijo que el halo «solo» iba a mejorar en un 17 % las probabilidades de sobrevivir a un accidente, de ahí las protestas que suscitó. Algunos lo consideraban demasiado aparatoso y antiestético para los resultados que daba. Pero ya son dos las vidas que ha salvado, sin tener en cuenta accidentes en otras categorías cuyos coches llevan el mismo dispositivo.

Según una estimación de Pat Symonds, director técnico de la Fórmula 1, el coste del chasis más el halo ronda los 765 000 euros, de acuerdo con el valor de la moneda a finales del 2023.

LOS ALERONES

Sin alerones no hay paraíso. Estos elementos que veis en la parte frontal y trasera de los Fórmula 1 se encargan de generar **carga aerodinámica**, la cual empuja al monoplaza hacia el suelo para dotarlo de agarre. Sin esa carga aerodinámica se perdería gran parte del control de estos bólidos, cuya bestial potencia estaría desbocada y provocaría que se deslizaran constantemente.

Aparte de generar carga, la ubicación de los alerones en los extremos del coche permite a los ingenieros estabilizar el coche en curva. Desde luego, en su ausencia el monoplaza no podría mantener las velocidades en curva a las que estamos acostumbrados.

Los alerones delanteros y traseros son **alas invertidas**: pegan el coche al asfalto, al contrario que las alas de un avión. Los principios aerodinámicos son los mismos, pero invertidos. En un avión, la parte inferior de las alas debe tener mucha más presión que la parte superior. En automovilismo es al revés: lo que se pretende es que la diferencia de presión empuje al monoplaza hacia abajo e impida que salga disparado a la mínima bajada del circuito. Por eso se queda «anclado» en la pista y gana tanto agarre, gracias al cual puede ir a gran velocidad sin pérdida de control.

Estos alerones eran hasta hace poco los máximos responsables de generar la carga aerodinámica. Eran vitales. Si por lo que fuera se dañaban, perdías gran parte del control y mucho tiempo por vuelta. En la actualidad siguen siendo muy importantes, ya que en este deporte las diferencias se miden en milésimas, pero desde el cambio de reglamento técnico del 2022, un daño en los alerones es un poco más llevadero, porque ahora los monoplazas dependen más del fondo que antes. Lo repasaremos en breve, cuando nos centremos en este componente y en el famoso efecto suelo.

A propósito de daños, cabe destacar que un choque en cualquiera de estos alerones, por ligero que sea, puede fastidiarte la carrera.

Lo más común en un Gran Premio es que la peor parte se la lleve el alerón delantero. A la mínima que un coche roza a otro al intentar adelantarlo, el alerón delantero puede hacerse pedacitos. Si el daño lo sufre alguno de los pequeños aletines, no suele notarse mucho: se puede seguir compitiendo sin perder mucho tiempo. Pero si te cargas, por ejemplo, la mitad de todo el alerón, sí o sí vas a necesitar cambiarlo.

¿Se puede cambiar? Perfectamente. El alerón delantero va anclado al **morro**, que forma toda la parte frontal que se engancha al chasis. Si un alerón está dañado, el equipo puede desenganchar todo el morro en un par de segundos, coger uno nuevo y acoplarlo al chasis.

El alerón que puede dar más problemas es el trasero. Si por lo que sea resulta afectado durante una carrera, te puedes despedir del fin de semana. Al igual que el alerón delantero —bueno, al igual que todo en un Fórmula 1—, el trasero también se puede cambiar, pero es infinitamente más costoso. Es más complicado de anclar y preparar, sobre todo desde que existe el DRS. En la Fórmula 1, una parada en boxes de ocho segundos puede arruinarte la carrera; imaginad entonces un cambio de alerón, que te puede llevar minutos y minutos. Antes de intentarlo, los equipos aceptan su destino y directamente retiran sus coches.

Los alerones, una vez colocados, son fijos, pero eso no quiere decir que no se alteren durante la carrera. En el caso de los alerones delanteros, si buscáis imágenes os percataréis enseguida de que tienen una especie de agujeritos en los aletines. Pues bien, esos agujeritos son los **ajustadores de ángulo**.

Imaginad que el piloto está en carrera y se queja de que le falta carga aerodinámica y el coche es muy inestable en curva. Quiere un ángulo más pronunciado en el alerón para generar más carga y así tener un poco más de agarre. Vale, pero ¿cómo arreglar el problema? ¿Cambiando el alerón entero por otro con más ángulo? Ni de broma: se perdería mucho tiempo en la parada.

Lo que haría el equipo en ese caso es meter una especie de llave en los ajustadores de ángulo e inclinar más o menos el ángulo del alerón, a gusto del piloto. Es un procedimiento eficaz y, además, no hace perder tiempo en la parada, ya que se lleva a cabo en tiempo récord mientras los mecánicos cambian las ruedas.

Es útil porque hace que el piloto se sienta cómodo con el coche. Algunos prefieren un monoplaza con **subviraje** y otros con **sobreviraje**, y el ajuste del ángulo del alerón sirve para satisfacer estas preferencias. Con el subviraje, el coche «se va de delante»; con el sobreviraje, «de detrás». Y esto ya va a gustos: cada uno se siente más seguro con un comportamiento determinado del coche.

Con respecto al alerón trasero, hay que destacar que también se puede mover gracias al sistema del DRS. Esto del DRS, que son las siglas en inglés para «sistema de reducción de arrastre», se incorporó en la temporada 2011 para fomentar los adelantamientos y lograr una mayor velocidad punta en recta.

¿Cómo funciona? Fácil: le das a un botón en el volante y la aleta del alerón trasero se abre. Solo se puede abrir, eso sí, en ciertas zonas delimitadas del circuito: las **zonas de DRS**, como su propio nombre indica. Con el DRS abierto, los coches alcanzan una mayor velocidad punta, porque, al abrirse el alerón trasero, su ángulo es menor y el aire opone menos resistencia, ergo se circula más rápido.

Si no lo entendéis, pensad que a vosotros os pasa lo mismo cuando el viento sopla fuerte en vuestro pueblo. Si camináis contra un viento frontal fortísimo, el aire os frenará mucho. ¿Y qué pasa si lo hacéis mientras lleváis un paraguas? Que, efectivamente, será aún peor. El ángulo del paraguas es mucho más pronunciado. El flujo del aire será mucho menos aerodinámico. Por eso el viento opondrá más resistencia y os costará más avanzar.

Pues aquí lo mismo: al abrir el alerón trasero se gana velocidad punta porque la superficie que impacta contra el aire es más pequeña. Pero, ojo, las gallinas que entran por las que salen: a la vez que se gana velocidad punta, se pierde carga aerodinámica. Es por ello por lo que el DRS solo se puede abrir en rectas y nunca en curvas muy pronunciadas o bajo frenada.

En una curva necesitas recuperar la carga aerodinámica de inmediato para no perder el control del coche. El DRS, de hecho, se cierra automáticamente cuando el piloto levanta el pie del acelerador o da un toque al freno. Esto sucede porque bajo ningún concepto se puede girar bruscamente o frenar de manera intensa si no tienes la carga trasera que toca.

Un buen ejemplo de lo que puede pasar si frenas a tope con el DRS abierto lo vimos en los entrenamientos libres del Gran Premio de Italia del 2018. Justo me pilló en la sala de prensa, en la que era mi tercera carrera como periodista acreditado en el *paddock*. La sesión acababa de empezar y los pilotos no estaban ni apretando, pero de pronto oímos un «¡oh!» fortísimo procedente de la grada. Asomamos la cabeza y vimos un coche destrozado al final de la recta.

Marcus Ericsson llegó con su Alfa Romeo Sauber a la curva 1 a unos 340 km/h desde la recta principal. Al levantar el pie del acelerador, el DRS falló y no se cerró. Y, en cuanto el sueco pisó el freno, su coche se fue desbocado a la izquierda, impactó violentamente contra los guardarraíles y dio tres vueltas de campana. Sin carga aerodinámica, Ericsson se sintió, en sus propias palabras, como un simple pasajero, porque perdió por completo el control del coche. No pudo hacer nada para evitar el accidente. Eso sí, por suerte salió por su propio pie.

Me gustaría cerrar esta parte mencionando el **beam wing**, ya que estamos hablando de alerones. Para un público general pasan completamente desapercibidos, pero existen. Como veis en la imagen, es una especie de minialerón que se sitúa justo debajo del alerón trasero. Su objetivo es generar carga junto al difusor para mejorar la eficiencia de ambos.

Esto puede ir cambiando con el paso de los años, ya que los equipos siempre prueban innovaciones aerodinámicas aprovechando los vacíos legales de la FIA. Hubo un año en que incluso metieron minialerones delanteros... en la parte delantera y en los laterales. Tan raro como suena. La Federación los prohibió por motivos evidentes: posibles desprendimientos, problemas de visibilidad y un largo etcétera.

Según Pat Symonds, el coste de un alerón delantero ronda los 150 000 euros, mientras que el trasero se sitúa en torno a los 127 500.

EL FONDO

El fondo del Haas VF-23 de Kevin Magnussen después de su accidente durante la *quali* del Gran Premio de los Países Bajos del 2023.

He aquí la joya de la corona. Os presento el fondo, o suelo, que es el responsable de la mayor parte de la carga aerodinámica en los monoplazas actuales. En las carreras de antaño, si este componente sufría algún percance, la carrera se te podía complicar mucho. En los monoplazas actuales, directamente puedes decir adiós a la carrera.

Cualquier toque es fatídico. Si alguien impacta contra ti en un lateral, te fastidiará el flujo del aire del suelo y tu monoplaza se volverá muy inestable. Si te sales de la pista y arrastras el coche por la gravilla, rasgarás el fondo, y el destrozo será considerable. Antes se notaba, pero no tanto. Sebastian Vettel, de hecho, ganó su tercer Mundial en el Gran Premio de Brasil del 2012 pese a sufrir un gran daño en el **pontón** y en el fondo. Bien es cierto que aún no nos explicamos cómo, pero sucedió.

Si este libro os motiva a prestar más atención a la Fórmula 1, os daréis cuenta de que la gente se refiere en ocasiones al fondo como *fondo plano*. Incluso se me puede escapar a mí de vez en cuando. Pero que no os engañen: el fondo, de plano, no tiene nada. Se le llama así porque, hasta no hace mucho, sí que lo era. No era plano, no; era planísimo. Esta imagen data de solo diez años atrás, y fijaos la diferencia con el fondo de los coches de las últimas temporadas:

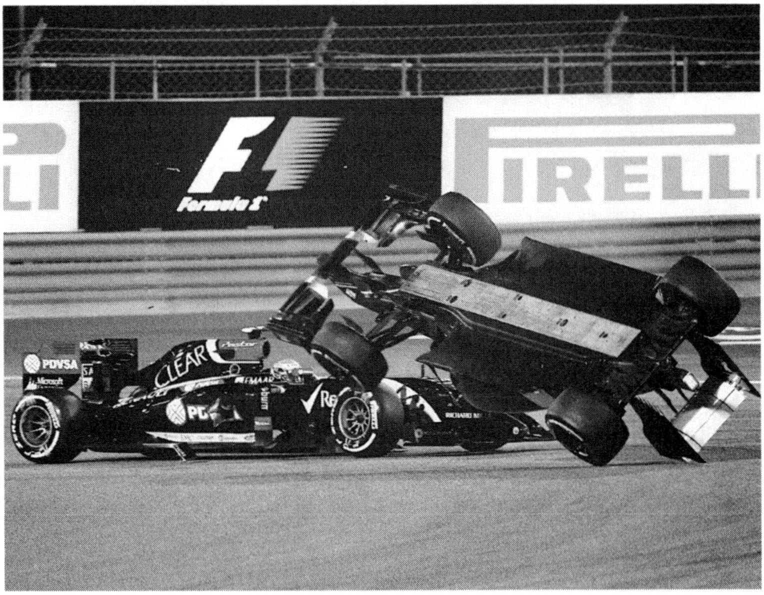

El fondo del Sauber de Esteban Gutiérrez queda a la vista tras chocar con el Lotus de Pastor Maldonado durante el Gran Premio de Baréin del 2014.

Los fondos actuales pueden presentar muchísimas formas y ondulaciones para tratar de acelerar el flujo del aire por debajo del coche. Digo «pueden» porque, evidentemente, cada uno trae el suyo, y los equipos más modestos montan un fondo infinitamente menos puntero que el de Red Bull, el claro dominador del 2023. Pero sí: en general son mucho más avanzados que los de temporadas pasadas.

A los ingenieros les interesa acelerar el flujo del aire por debajo del coche para lograr el deseado **efecto suelo**, responsable de que el fondo genere más carga aerodinámica que nunca. Tiene ya una historia en la Fórmula 1, pues el primer monoplaza en aprovechar este efecto fue el Lotus 78 de 1977 tras varias tentativas en la década anterior.

Para lograr el efecto suelo, has de encontrar el modo de que, mediante esas formas y ondulaciones del suelo, el aire pase más rápido por debajo del coche que por encima. Si lo consigues, debajo del coche habrá menos presión que arriba y, al igual que sucede con los alerones, el monoplaza se verá empujado hacia el suelo. Y lo mismo que antes: si se pega al asfalto tendrá más tracción, ergo alcanzará más velocidad.

Como digo, esto se vio por primera vez en la Fórmula 1 a finales de los años setenta, pero enseguida se limitó mucho. La FIA de por aquel entonces lo entendió como un problema, o, más bien, como un problema en potencia. Pensad que los monoplazas de antes no eran igual de resistentes o rígidos que los de hoy. Los Grandes Premios eran a menudo auténticos festines de abandonos por accidentes y problemas de fiabilidad, entre muchos otros percances.

La Federación consideraba arriesgado centrar gran parte de la carga aerodinámica en un punto muy concreto como es el suelo. ¿Qué ocurriría si alguien chocaba y sufría daños en el fondo? ¿No perdería de repente toda la carga? Los accidentes podían ser bestiales. Así que, nada, se les dio la enhorabuena a los innovadores, pero se vetaron sus diseños.

El efecto suelo volvió a tener un papel clave en nuestras vidas a partir de la temporada 2022. En la actualidad ya es factible que más de la mitad de la carga provenga del fondo, así que la FIA se apresuró a cambiar el reglamento.

Pero se ha de destacar que, nada más probar estos coches, se detectaron otros problemas. Problemones, incluso.

Los monoplazas dieron las primeras vueltas con esa «nueva» carga aerodinámica en los test de pretemporada de febrero del 2022 en Barcelona. Todo muy bien, pero al llegar a la recta principal los pilotos se dieron cuenta de que el coche no paraba de botar. Había nacido (o renacido) el *porpoising*.

El **porpoising**, rebote o marsopeo (podéis utilizar el término que más os guste), es consecuencia directa del efecto suelo. En las rectas, a más de 300 km/h, los coches se ponían a botar como locos, y los mareos y dolores de espalda de los pilotos empezaron a estar a la orden del día. Lewis Hamilton necesitó algo de tiempo y ayuda para bajarse de su coche tras el Gran Premio de Azerbaiyán del 2022.

¿Por qué sucedía esto? Pues por una mezcla de la altura baja del coche y el efecto suelo. Al llegar a una recta, este efecto hace que el coche sea succionado con tal fuerza hacia abajo que el suelo no funciona correctamente. Entonces la carga del suelo se ve afectada y la suspensión del coche vuelve de golpe a una posición superior.

Al recuperar una posición superior, el fondo vuelve a funcionar y el coche es succionado de nuevo hacia abajo. Y así en bucle y a toda velocidad. Arriba, abajo. Arriba, abajo. Arriba, abajo. Y a botar.

Era tal la preocupación que la FIA, a mitad de temporada, lanzó una «directiva técnica» para forzar a los equipos de la parrilla a elevar la altura de sus monoplazas si sufrían mucho con este problema. Subir la altura hizo que, por mucho que el coche fuera succionado hacia el asfalto, se dispusiera de unos milímetros más de espacio para que el fondo operase correctamente. Desde entonces, la gravedad del asunto es infinitamente menor.

Otro problema potencial de los monoplazas actuales es el **bottoming**, que a veces se confunde con el *porpoising*. El *bottoming* se da cuando el fondo del coche toca el asfalto, ya sea por el efecto suelo o por rodar demasiado bajo y, de repente, pasar por un bache o una zona inestable.

Si sufres *bottoming* en curva, las consecuencias pueden ser inmediatas. Frenar el flujo del aire girando a muy alta velocidad hace que pierdas de golpe gran parte de tu carga aerodinámica y no puedas evitar un accidente. Si no, preguntadles a los de Ferrari, quizá los más afectados por esto en el 2023.

En los test de pretemporada, Carlos Sainz se llevó un susto e hizo un trompo al perder el control nada más pasar por un bache. Esto puso el foco en el *bottoming*. En la clasificación del Gran Premio de Miami, en plena lucha por la *pole*, su compañero Charles Leclerc se subió mucho a un piano, tocó el asfalto con el fondo y, al instante, perdió el control. No pudo evitar el impacto contra el muro. Y en el último Gran Premio de la temporada, en Abu Dabi, Carlos Sainz pasó por un bache en la curva 3 que también le hizo perder el control e irse contra las protecciones.

El *bottoming* no es tanto consecuencia del efecto suelo como del nuevo reglamento técnico, que favorece que la mayor parte de la carga aerodinámica proceda del fondo. Antes, si algo salía mal con el fondo, no tenía tantas consecuencias.

¿Por qué interesa entonces recuperar el efecto suelo, con los problemas que da?, os preguntaréis. Pues porque tiene más ventajas que inconvenientes. Recurrir a dicho efecto es una manera perfecta de generar carga aerodinámica evitando el aire sucio.

El **aire sucio** es el gran enemigo de la Fórmula 1, el culpable de que algunas carreras sean tan aburridas, es decir, de que los pilotos se las vean y se las deseen para pisarle los talones al piloto de delante y, por tanto, no puedan adelantarle. El gran objetivo del reglamento técnico del 2022 era eliminar el aire sucio casi por completo, y, pese a dar pasos en esa dirección, todavía sigue ahí.

Esto del aire sucio lo generan los monoplazas a su paso. Digamos que un coche, cuando está en pista, lucha aerodinámicamente contra un aire «limpio», o, más bien, estable. El monoplaza juega con el flujo del aire para generar carga aerodinámica, como ya sabéis..., pero no hemos hablado de cómo sale dicho aire del coche.

La salida del aire es una locura. Por abajo sale a gran velocidad, por arriba a menos, por aquí sale de una manera, por allá de otra..., y, claro, cuando lanzas tanto aire hacia arriba y hacia los lados y se une a las estelas causadas por las ruedas y otras superficies del coche, se «crea» aire sucio.

Esto le afecta, y mucho, al piloto que va detrás. Al igual que no es lo mismo abrirte paso con viento que sin viento, no tiene nada que ver avanzar con aire limpio que con el aire que ha movido un coche delante de ti. Este fenómeno también afecta a la capacidad de refrigerar los frenos y el motor, más allá de su repercusión en la carga aerodinámica.

El aire sucio solo se sufre si un piloto va muy pegado a otro. Si te tragas el aire inestable del de delante, estás obligado a levantar el pie o a girar más de la cuenta, y en ambos casos pierdes mucho tiempo. Básicamente, no puedes hacer lo mismo que antes de ir pegado al de delante porque ya no tienes la misma carga aerodinámica. Esto hace que en curva los pilotos se alejen del coche que los precede y que al llegar a la recta se encuentren demasiado lejos. Y entonces les cuesta un mundo adelantar. De ahí que el aire sucio afecte tanto al espectáculo en una carrera.

Como comentaba, el objetivo detrás del cambio en el reglamento técnico del 2022 era simplificar mucho la aerodinámica para así generar menos aire sucio. Los alerones del 2021 estaban repletos de aletines y mil jaleos que generaban muchas estelas, así que de cara al 2022 limitaron la parafernalia aerodinámica. Para compensarlo, recuperaron el efecto suelo, ya que en alguna parte debían producir carga aerodinámica. Lo bueno es que el fondo genera muchas menos turbulencias.

En el 2023, la cosa se complicó un poco más. Ya sabéis que, conforme avanza la temporada, se van añadiendo cada vez más innovaciones. Los diseñadores encuentran vacíos en el reglamento y preparan piezas que son legales pese a contravenir el espíritu de la normativa.

Esto sucede cada año, y el 2023 no se quedó atrás: los pilotos, nada más probar los nuevos coches, alertaron de que, debido a las innovaciones aerodinámicas, el aire sucio volvía a afectarles casi tanto como en el 2021. Los adelantamientos y persecuciones eran otra vez un pelín más complicados. Aun así, hubo más pasadas en pista en el 2023 que en el 2022.

Aquí también hay que hacer mención del **difusor**, que podemos considerar como el «final» del fondo en el coche. La estructura del difusor, que es el encargado de expulsar el aire sucio del monoplaza, se va ensanchando y elevando hacia el alerón trasero para acelerar el aire y echarlo fuera.

Quizás no parezca muy relevante, pero el difusor puede jugar un papel de gran importancia. El famoso «doble difusor» de Brawn GP en el 2009 contribuyó mucho a que los británicos ganaran el Mundial de Constructores; lo mismo ocurrió con los «escapes soplados» del difusor de Red Bull en el 2010 y el 2011.

Ah, y en las últimas temporadas vimos como cualquier daño en este elemento puede finiquitar tu carrera. En el 2023 hubo pilotos como Valtteri Bottas (GP de Las Vegas) y Pierre Gasly (GP de Abu Dabi) que recibieron un ligerísimo toque en el difusor. Pues bien, sus carreras se fueron de inmediato a pique, por tratarse de daños imposibles de reparar en una simple parada.

El coste de fabricación del suelo de un monoplaza ronda los 150 000 euros, según las estimaciones de Pat Symonds.

LOS PONTONES

Los pontones son un todo en uno: juegan un papel fundamental en la refrigeración, la aerodinámica y la seguridad del piloto. Se encuentran en los laterales del monoplaza, más o menos a la altura del *cockpit* —donde se sienta el piloto—, y se van estrechando en dirección a la zona trasera del coche.

Como veis, los pontones tienen boca, una zona abierta por la que entra el aire para refrigerar el monoplaza. Estas aberturas son esenciales para evitar que el motor se sobrecaliente. Cuando el coche está en marcha, el aire que entra se dirige a unos radiadores que se encuentran dentro de los pontones, diseñados para refrigerar las unidades de potencia.

Cuando el coche está parado, habréis observado que los mecánicos meten en esas aberturas una especie de ventiladores con hielo seco. Su finalidad es mantener los radiadores bien fríos y asegurarse de que funcionan como es debido.

Evidentemente, la zona del motor no está del todo cerrada. Si entra tanto aire por los pontones, por algún sitio ha de salir. Por ello, más allá de la salida trasera, veréis que en los monoplazas, encima de los pontones, hay una especie de **branquias**: salidas de refrigeración esenciales para garantizar un flujo continuo de aire.

Más allá de su función esencial, la de refrigerar, los pontones también intervienen en la aerodinámica, como, de hecho, todo en un coche de Fórmula 1. El pontón puede presentar formas muy muy raras para acelerar el flujo del aire procedente del alerón delantero. Así se garantiza que el monoplaza no pierda tiempo en recta.

En cuanto a la seguridad, los pontones son también vitales. Su diseño está altamente condicionado por la necesidad de proteger al piloto. A la FIA le da igual la refrigeración, simplemente te pide unas **side impact structures**: dos estructuras, colocadas una en cada lado de la célula de supervivencia, que absorban los impactos. Más allá del chasis, claro está, son los únicos componentes que protegen al piloto en caso de recibir un choque lateral.

Si un Fórmula 1 choca de frente, el morro puede resistir muchísimo: rara vez se ve un accidente que destroce la parte delantera hasta el punto de que solo el chasis quede al descubierto.

Los pontones que rodean el *cockpit* del piloto están preparados para absorber toda la fuerza de los impactos y hacerse añicos mientras mantienen al piloto en perfecto estado. Pero se ha de decir que no resisten tanto como el morro. En los últimos cuatro años, dos pilotos jovencísimos como eran Anthoine Hubert (2019) y Dilano van't Hoff (2023) perdieron la vida en el circuito de Spa-Francorchamps en sendos accidentes bastante similares. Ambos perdieron el control debido a otros choques y se quedaron parados en mitad de la pista; los pilotos que venían por detrás, incapaces de reaccionar a tiempo, impactaron frontalmente en los laterales de sus monoplazas.

Aquí hay que remarcar que, en automovilismo, cualquier impacto en un momento en que uno vaya a tope y otro esté parado tiene muchos números de ser gravísimo, independientemente de que el choque lo reciban los pontones u otro componente. Pero sí que es verdad que los accidentes «en forma de T» son un pelín más delicados.

PIEZAS ÚNICAS Y PIEZAS TRANSFERIBLES

Todos los componentes que acabamos de repasar (el chasis, los alerones, el suelo y los pontones) tienen algo en común: cada escudería ha de crearlos por su cuenta. Pueden recibir ayuda externa —por ejemplo, subcontratar a una empresa para que desarrolle el suelo—, pero el diseño debe ser propio. Prohibido copiar o utilizar el de otra escudería.

¿Por qué es tan importante matizar esto? Porque no sucede lo mismo con otros componentes. No todo en un Fórmula 1 ha de ser «propio». Por eso me he extendido con esas partes del coche y no con otras todavía por mencionar, como la suspensión o todo el sistema hidráulico, asimismo de vital importancia.

Los equipos de Fórmula 1, por poder, pueden «comprar» componentes de otros monoplazas y equiparlos en el suyo, siempre y cuando la FIA lo permita. Hacer esto tiene sus pros y sus contras: por una parte, te ahorras el gasto que supone diseñarlo y producirlo en tu fábrica, y puedes centrar tu trabajo en otras piezas; por otra, te ves limitado a la hora de desarrollar un monoplaza y mejorar unas piezas que... no son tuyas.

La FIA divide todos los componentes que forman un monoplaza en cuatro categorías: Listed Team Components, Transferrable Components, Standard Supply Components y Open Source Components. Ahora os explico cómo va esta vaina.

Los Listed Team Components (LTC) son los componentes que un equipo debe diseñar y fabricar por su cuenta. Prohibido utilizar las piezas de otros o copiarles el diseño.

Los Transferrable Components (TC) son los componentes que un equipo puede suministrar a otro mediante acuerdos. También pueden suministrarlos en su totalidad otras empresas.

Los Standard Supply Components (SSC) son los componentes que la FIA provee para todos los coches. Deben ser los mismos en todos los monoplazas y está prohibido modificarlos.

Y, por último, los Open Source Components (OSC) son componentes cuyo diseño está disponible para todos los equipos. Las escuderías deben crear estas piezas y están obligadas a publicar su diseño. Los demás equipos pueden copiar este diseño para fabricarlo por su cuenta o incluso modificarlo a su gusto.

El reglamento técnico de la FIA tiene un listado eterno que especifica las piezas de cada categoría. Podría copiarlo y pegarlo, y así terminar con vuestras ganas de seguir leyendo, por eso creo que es mejor montar una pequeña tabla con algunos de los componentes más destacados, para que os hagáis una idea:

Componente	LTC (diseño propio)	TC (diseño transferible)	SSC (diseño FIA para todos)	OSC (diseño libre)
Chasis	X			
Alerones	X			
Suelo	X			
Embrague		X		
Suspensión		X		
Sistema hidráulico		X		
Tapacubos			X	
Bomba de combustible			X	
Luces			X	
Pedales				X
Columna de dirección				X
Sistema de combustible				X

Como veis, es posible utilizar elementos importantísimos, como el embrague o el sistema hidráulico, de otros equipos. Sin los componentes hidráulicos, los coches actuales no funcionarían: controlan el acelerador, el embrague, el asistente de dirección, el DRS, el diferencial... Aun así, la FIA permite compartirlos. En el 2023, por ejemplo, Williams y Haas utilizaron los componentes hidráulicos de Mercedes y Ferrari, respectivamente.

Los componentes «estándar» son evidentes: todos deben llevar los mismos neumáticos con sus tapacubos, las mismas luces, las mismas cámaras de televisión, los mismos sensores de temperatura y un largo etcétera. Son los componentes que la FIA «añade» a los monoplazas para asegurar el buen desarrollo de la carrera y su retransmisión, así que el proveedor ha de ser el mismo para todos.

En esa parte de la lista deberíamos incluir también el halo, aunque con un matiz. Pese a formar parte del chasis, que es responsabilidad de cada escudería, no lo fabrican los equipos. Aun así, a lo largo del tiempo no todos han utilizado el mismo. En el 2019, un año después del debut de dicho elemento, la FIA encomendó su producción a cuatro empresas privadas: CP Autosport, V System, SST Technology y Dallara. La mayoría de los equipos se decantó por el halo de CP Autosport.

Y a partir de ahí quedan los componentes de «libro abierto», digamos, cuyo diseño es visible para todos. Los equipos están obligados a publicar sus proyectos de pedales y de columnas de dirección, incluso de su DRS. Sin chocar, eso sí, con las limitaciones de plagios aerodinámicos en el alerón trasero.

INSPECCIONES DEL COCHE

Una vez que tienes todo el coche preparado, con tus propias piezas y lo que hayas querido (o podido) obtener de otro equipo, ya puedes competir. Eso sí, no sin antes haber pasado las inspecciones de seguridad de la FIA.

La Federación, como es normal, ha de asegurarse de que todos los diseños de la parrilla cumplen a rajatabla su normativa. En general, inspeccionan regularmente las fábricas y piden los planos de los diseños si tienen alguna duda o sospechan que algún elemento no es legal (por ejemplo, que es un plagio). Pero no basta con mirar: han de probar los monoplazas.

¿Cómo? ¿Acaso los sacan a la pista? No; cogen los chasis de los equipos, los llevan a un centro especializado y los revientan a palos. Someten el trabajo de las escuderías a pruebas de accidentes frontales, laterales y traseros.

Primero, prueban la resistencia del morro, anclado al chasis, para ver si realmente es capaz de absorber toda la fuerza de un impacto sin dañar el monocasco. Luego, estampan el monocasco por delante y por los lados para asegurarse de que en ningún caso esta estructura se daña lo más mínimo. Y, finalmente, ponen a prueba la parte trasera para medir su resistencia y la de la zona de la caja de cambios. Como bola extra, también verifican la resistencia de la columna de dirección, entre otros exámenes.

Si tu coche resiste todos esos guantazos a toda velocidad, enhorabuena, puedes competir. Pero ¿qué ocurre si no pasas los *crash tests*? Pues que, metas la pasta que metas, no tendrás permiso para correr ni para probar nada mientras no los superes.

No es habitual que esto suceda, pero en el siglo XXI hemos visto algunos casos. Si no me traiciona la memoria, el último ejemplo se remonta al 2019, cuando Alfa Romeo no pasó el test con el monoplaza que iba a utilizar en el 2020. No hubo problemas, sin embargo, porque al mes siguiente probaron otro diseño y este sí pasó el examen.

Sí que tuvieron problemas equipos más pequeños, como Marussia y HRT en el 2012. El equipo anglorruso falló sus *crash tests* estando muy cerca del arranque de la temporada, en febrero. Como consecuencia, hasta que la FIA dio el visto bueno, se perdieron los test de pretemporada y casi no pudieron probar su coche. Llegaron al primer Gran Premio, en Australia, completamente a ciegas.

En el caso del equipo español HRT, fue incluso peor. Superaron los test a última hora, se perdieron la pretemporada y a pocos días de arrancar el Gran Premio ni siquiera habían terminado el chasis. Su piloto Pedro Martínez de la Rosa probó por primera vez el monoplaza el sábado del Gran Premio de Australia, en la tercera sesión de entrenamientos libres. Los tiempos con este coche eran tan malos que ni se les permitió correr el domingo.

Lo dicho: una vez superados los *crash tests*, a correr. Pero, evidentemente, estas no son las únicas pruebas que lleva a cabo la FIA. Durante los fines de semana de Gran Premio, los monoplazas se ven sometidos a constantes inspecciones por parte de los comisarios.

Los jueves, un día antes del arranque de los entrenamientos libres y las clasificaciones, los equipos deben montar el coche entero y llevarlo al «cuartelillo» de la FIA para que lo inspeccionen. Y lo mismo pasa el viernes, el sábado y el domingo, después de las sesiones de competición.

Incluso durante las sesiones de la Fórmula 1, miembros de la FIA se meten en los boxes de los equipos para revisar los monoplazas y piden a los trabajadores lo necesario para verificar que todo está en orden. Normalmente examinan lo mismo en todos los coches, como la temperatura de combustible o la presión de sus neumáticos. Pero también hacen chequeos al azar.

Tras los terceros entrenamientos libres del Gran Premio de Abu Dabi del 2023, por poner un ejemplo, la FIA pidió una muestra del aceite del motor solo a Carlos Sainz, Yuki Tsunoda y Guanyu Zhou. A Esteban Ocon, mientras tanto, le pidieron una muestra del combustible. El resto de los pilotos se libró de esas inspecciones concretas.

También es destacable que la FIA puede obligar a pesar los monoplazas... incluso durante la propia sesión de clasificación. Es el llamado **control aleatorio**. Para asegurarse de que los monoplazas cumplen en todo momento con el peso mínimo obligatorio, los comisarios de la FIA pueden dar el alto a los pilotos, por sorpresa, a la entrada del *pit-lane*. Sitúan el coche en una báscula, lo pesan y, si todo está bien, permiten que siga participando en la clasificación.

La elección de los pilotos investigados es siempre aleatoria, y es por ello por lo que a veces se ha liado gorda. Por ejemplo, cuando pilotos que van muy mal en la clasificación son citados al pesaje de la FIA. Por culpa de esa inspección se ven perjudicados, ya que cuentan con menos tiempo para preparar una buena vuelta. Sebastian Vettel, en el 2018, rompió una de las básculas intentando salir cuanto antes del pesaje para anotar un tiempo.

Pero es eso... o ser descalificados. Estas inspecciones de la FIA se miden al dedillo, son milimétricas. Y si no cumples con todo, absolutamente todo, lo que revisan, estás fuera. Si no te queda suficiente combustible para tomar una muestra, descalificado. Si el monoplaza pesa menos de lo que toca, descalificado. Si no cumples con las medidas de ciertos elementos, descalificado.

Los últimos afectados por esto, hasta el término de la temporada 2023, fueron Lewis Hamilton y Charles Leclerc en el Gran Premio de Estados Unidos del 2023. Ambos monoplazas fueron descalificados por no cumplir con la altura y rodar más bajo de lo permitido. Habían llegado en segundo y sexto lugar, respectivamente. Hamilton, de hecho, se quedó a escasos segundos de ganar la carrera. Imaginaos el percal si hubiese ganado y, horas después, la FIA hubiese anunciado que era descalificado por no superar la inspección.

Pero ahí se desató una pequeña polémica que vale la pena mencionar, porque sirvió para que muchos aficionados aprendieran algo que hay que tener muy en cuenta: en esas inspecciones, la FIA revisa muchísimas cosas en todos los coches. Pero no todo.

Es razonable, porque tratar de analizarlo absolutamente todo, cada día de competición y en un monoplaza de Fórmula 1, es una locura. Revisar todos los componentes del motor, del chasis, de la aerodinámica..., si no tienes un ejército de comisarios por escudería, es imposible. Pero el problema de la Federación es que casi nunca puede aplicar el sentido común, dado que el reglamento es muy poco flexible.

En ese Gran Premio, el de Estados Unidos del 2023, la polémica estaba servida: solo comprobaron la altura de cuatro coches. Esta revisión formaba parte de las inspecciones aleatorias que llevan a cabo de vez en cuando con un puñado de pilotos. Y, claro, el tema es que se descalificó a dos de los cuatro coches investigados.

En ese momento, los aficionados (y un servidor, lo reconozco) nos llevamos las manos a la cabeza. Yo pensé: mira, está muy bien que haya sido una simple inspección aleatoria. Pero, viendo que la mitad de los coches inspeccionados han terminado descalificados, ¿de verdad a nadie le pica la curiosidad por saber si el resto de los monoplazas también tenían el mismo problema? ¿Nadie con la potestad de buscar más infracciones vio que se trataba de una situación extraordinaria?

Hacía más de cuatro años de la última descalificación poscarrera (exceptuando la de Sebastian Vettel en Hungría en el 2021, aunque simplemente porque se había quedado sin combustible). Es algo muy poco habitual hoy en día. Y, vaya, inspeccionas cuatro coches, da la casualidad de que dos caen como moscas..., y te da igual el resto. Son estas cosas las que no tienen mucho sentido en la Federación, pero, eh, ya os iréis acostumbrando.

EL PESO MÍNIMO

También es importante el peso mínimo obligatorio que debe cumplir el monoplaza. La FIA prohíbe que los coches pesen menos de 798 kilos durante la competición, contando el peso del piloto y descontando el combustible. De primeras puede sonar raro, ya que lo ideal en un coche de carreras es que pese lo menos posible, pero precisamente esa limitación se puso por eso: porque la gente intentaba aligerar el coche como fuera y la cosa se les estaba yendo de las manos.

La normativa del peso mínimo es muy antigua: se impuso en la temporada 1961. Por aquel entonces, los equipos experimentaban con sus bólidos para ver qué era esencial y cuál era el elemento del que podían prescindir para perder unos cuantos kilos. En esos años ni siquiera los pilotos pensaban en su seguridad, así que todo lo que les hiciese ganar un poco de tiempo por vuelta era bienvenido.

Pero llegó un momento en que dejaron de estar dispuestos a comprometer cada vez más su integridad física. Entre 1958 y 1960 fallecieron cinco pilotos durante Grandes Premios de Fórmula 1. No estaban para milongas. Así que la FIA de aquella época anunció un peso mínimo obligatorio a partir de la temporada 1961: 450 kilos. Desde entonces, con el avance de la tecnología y las modificaciones de la normativa, el peso mínimo ha aumentado cada vez más. Los coches de hoy en día son mucho más grandes y pesados que antaño.

Otro de los motivos por los cuales se mantiene el peso mínimo es el fomento de la igualdad entre los equipos.

Esta limitación hace que no se dispare la distancia entre un equipo puntero y otro más humilde.

Pensadlo: sin peso mínimo, los equipos con más presupuesto tendrían vía libre para experimentar con nuevos materiales y aligerar mucho su monoplaza, lo que se traduciría en una gran mejora del rendimiento. Mientras tanto, las escuderías más pequeñas no podrían permitirse trabajar en esas innovaciones y se quedarían aún más rezagadas.

Quizá este debate se vuelva a abrir en el futuro, pero levantar la limitación del peso sería impensable. Pensad que en el 2008 Toyota contaba con un presupuesto de 445 millones de dólares, mientras que el de Force India era de tan solo 121. Sin ese límite, la diferencia de material podría llegar a ser abismal.

Algo reseñable, como decía antes, es que el peso del monoplaza incluye al propio piloto. Es decir, el límite de los 798 kilos ya comprende los 80 que puede pesar el piloto, dado que ese es el peso que tendría el monoplaza durante una carrera. Cuando termina una sesión, veréis que los pilotos se van directos a unas básculas en las que se pesan con el mono puesto y cargando con el casco y el HANS, un elemento que limita el movimiento de la cabeza en caso de accidente para evitar lesiones.

Una vez pesados, los responsables de la FIA anotan el resultado y lo suman al peso del monoplaza. Si la suma no supera el peso mínimo son descalificados, algo que no pasa casi nunca.

Esto, hace unos pocos años, era un auténtico peligro. A veces, los equipos no eran capaces de aligerar mucho el coche y pedían a sus pilotos que adelgazasen para ganar velocidad. Y algunos pilotos seguían una dieta demasiado exigente, quizá inapropiada para su constitución física.

Afortunadamente, la FIA estableció en la temporada 2019, por fin, un peso mínimo para los pilotos: 80 kilos. De esta manera pueden seguir una dieta menos estricta y más adecuada a sus características, sin tener que preocuparse por su repercusión en el peso total del coche.

Nadie en la parrilla supera los 80 kilos; el que más pesa, Nico Hülkenberg, llega a los 78, al ser un bigardo de 1,84 de altura. Pero todo el peso que les «falta» a los pilotos, la FIA lo compensa con lastre. Es decir, como Hülkenberg pesa 78 kilos, la FIA añade dos más de lastre para alcanzar los 80 mínimos. Y así con todos.

Este peso mínimo para los pilotos sirve también para no perjudicar a los más pesados. Hay pilotos altos que, por su constitución física, pesan más que otros más bajos, como es el caso de Yuki Tsunoda, que mide 1,59 y solo alcanza los 54 kilos; estamos hablando de una diferencia de 24 kilos con rivales como Hülkenberg.

En un deporte como la Fórmula 1, que tu coche pese 24 kilos menos que el de tu rival es una diferencia sideral. En esa situación, Tsunoda gozaría de una gran ventaja frente al piloto alemán independientemente de su talento. Lo que hace el peso mínimo es corregir esa ventaja natural. Todos los pilotos parten en igualdad de condiciones; serán sus manos y su cabeza las que marquen la diferencia.

Un piloto español, no hace mucho, vivió en sus carnes lo que era sufrir esta desventaja natural. En la temporada 2015, mi paisano de Castellón Roberto Merhi debutó en la Fórmula 1 con el equipo Manor. Le tocó ser compañero de equipo de un joven piloto británico llamado Will Stevens.

El castellonense, de hecho, partía con más de una desventaja. Stevens pagó por su asiento y contaba con varios privilegios, como gozar de horas de pruebas en un simulador privado y recibir las mejoras del equipo antes que su compañero. Merhi, en cambio, llegó a la categoría por talento y sin un solo patrocinador. Manor no tenía un simulador para él, y se enteró de que iba a competir en

Fórmula 1... viajando al primer Gran Premio de la temporada. Le echarían a la mínima que apareciese un piloto con dinero, y así fue. Llegó el estadounidense Alexander Rossi y sustituyó al español en varias carreras.

Pese a que Merhi atesoraba un currículum envidiable —no por nada llegas a la categoría reina sin patrocinadores—, Stevens le ganaba carrera tras carrera. Algo raro había ahí. El británico no había empatado con nadie en toda su carrera deportiva, y de repente parecía Senna.

En el Gran Premio de Baréin, Stevens le sacó 44 segundos; en España, otros 40. Auténticas palizas a ojos de cualquiera. En cambio, llega el Gran Premio de Mónaco, un circuito que requiere buenas manos y que no tiene tanta recta..., y de golpe Merhi queda por delante. ¿Magia? Pues no: el peso.

Entre otras desventajas ya mencionadas, como la de llevar motores no tan buenos y no tener la oportunidad de estrenar las mejoras, Merhi era más alto que Stevens, y al llegar a Australia se encontró con que el británico pesaba entre 13 y 15 kilos menos que él. Sin peso mínimo para pilotos y con un Manor bastante más pesado que el resto de los monoplazas, el castellonense tuvo que apretar los dientes y adelgazar. Aun así, se quedó como a unos 10 kilos de diferencia de su compañero.

Lewis Hamilton contó una vez en una entrevista que llevar 10 kilos más de combustible que otro le podía hacer perder tres décimas por vuelta. Podéis hacer los cálculos y salir de dudas. Este es uno de los motivos por los cuales el peso es tan importante en una carrera.

A lo largo de los años, los ingenieros se han devanado los sesos para tratar de dar con una solución que sortee el reglamento y les permita rodar más ligeros de lo que toca. Y algo así sucedió con el equipo BAR Honda en la temporada 2005, pero la FIA les pilló con el carrito del helado.

Este equipo, pese a que nunca se pudo demostrar sobre el papel, rodó presuntamente por debajo del peso mínimo en las primeras carreras de ese año. Su monoplaza, sin combustible, pesaba 594,6 kilos, y por aquel entonces el límite estaba en 600.

¿Cómo lo lograron? Montando un segundo depósito de combustible escondido en el chasis. Así competían más ligeros que los demás. Para superar el peso mínimo en las inspecciones poscarrera de la FIA, en la última parada en boxes metían combustible en el depósito secreto. Solo en las últimas vueltas corrían con el peso permitido.

Una vez terminada la carrera, la Federación se encontraba con que el tanque principal estaba vacío y el coche cumplía con el peso mínimo. Todo normal. Lo que no sabían es que había combustible oculto, añadido como si fuera un lastre para pasar la inspección. Y, claro, cuando descubrieron que había más gasolina, la extrajeron y destaparon la vergüenza.

Eso sucedió en el mítico Gran Premio de San Marino del 2005, con victoria de Fernando Alonso. El piloto de BAR, Jenson Button, consiguió su primer podio de la temporada. No obstante, tras esta inspección, el equipo fue descalificado de esa carrera y de las dos siguientes. Debido a esta triple descalificación, BAR Honda terminó perdiendo la batalla por el quinto puesto en el Mundial de Constructores y, de esta manera, recibió menos millones de dólares a final de año. No juguéis con la FIA, primer aviso.

Algo que sí es legal y guarda relación con el peso mínimo es el *pickup*. Si prestáis atención a las carreras, veréis que al terminar un Gran Premio todos los pilotos reciben por radio prácticamente la misma orden de sus ingenieros: *pick up rubber*.

Esto, traducido al español, quiere decir «recoge goma». En ese momento, los pilotos empiezan a aminorar la velocidad y hacen la trazada opuesta a la habitual, llenando sus neumáticos de suciedad mientras se dirigen al *pit-lane*. ¿Por qué hacen esto? Pues porque fuera de la trazada se encuentran todas las virutas de goma que los pilotos han ido soltando a su paso durante la carrera.

Al final del Gran Premio, como ya sabéis, los coches deben ser pesados por la FIA. Así que, para curarse de espanto, los pilotos recogen esas virutas con sus cuatro ruedas con el fin de que el coche pese más. La diferencia no debe de ser gran cosa, pero imaginaos que incumples el peso mínimo por 100 gramos. Pues, chico, ponte a recoger toda la broza que puedas. Algún día a lo mejor eso te salva de un susto.

CAPÍTULO 6

LA UNIDAD DE POTENCIA

Suena bien, ¿eh? *Unidad de potencia.* A lo largo de los últimos años he podido disfrutar de cómo algunas personas me preguntaban que qué diantres es eso. Que si es el motor. Sí, lo es. Pero es que el motor de un Fórmula 1 ya no es solo *un* motor.

Ya sabéis que desde la temporada 2014 la categoría reina utiliza tecnología híbrida. Por tanto, los monoplazas no son propulsados por un solo motor. Pasa lo mismo en los coches híbridos de calle, que cuentan con una parte de motor de combustión y otra parte de potencia eléctrica. Bueno, en la F1 es igual pero mil veces más enrevesado.

De ahí que ya no se llame motor a lo que propulsa un Fórmula 1. Por poder, podéis seguir llamándolo así. Yo mismo lo hago, la gente lo entiende igual. Pero ahora, para comentar todo lo que engloba el corazón del coche, lo más apropiado es utilizar el concepto de unidad de potencia, del inglés *power unit.*

La unidad de potencia está formada por siete componentes: un motor de combustión interna, un turbocompresor, el MGU-K, el MGU-H, la batería, la centralita electrónica y el sistema de escape.

El motor de combustión: pues eso, el motor térmico de toda la vida. Es un motor V6 de 1,6 litros, capaz de desarrollar cerca de 800 caballos de potencia. Es *turbo*, es decir, a la vez que extrae más potencia del combustible, emite menos gases contaminantes. La Fórmula 1 estuvo décadas sin gastar **turbocompresores**, pero los recuperó para llevar a cabo esta transición ecológica.

Junto al motor de combustión, como comentaba, está la parte eléctrica, que cuenta con dos motores: el **MGU-K** y el **MGU-H.** Por un lado tenemos el MGU-K (Motor Generator Unit-Kinetic). Este motor convierte la energía cinética del coche en energía eléctrica. Es una especie de freno regenerativo como el que podéis encontrar en vuestro coche. Cuando el vehículo frena, el MGU-K contribuye a esa acción, convierte la energía cinética en energía eléctrica y la almacena en una batería. Esa energía se utiliza luego como complemento a lo largo de la carrera.

Los MGU-K de los últimos años alcanzan una potencia de 120 kilovatios y aportan más o menos unos 160 caballos. En el 2026, eso sí, se convertirán en los grandes protagonistas de la unidad de potencia, pues pasarán a ser mucho más potentes: unos 350 kilovatios y cerca de 470 caballos solo de potencia eléctrica.

El MGU-K es una evolución del KERS, el primer freno regenerativo utilizado en la Fórmula 1, concretamente entre el 2009 y el 2013. Este elemento, al principio, era la leche. En líneas generales hacía lo mismo que el MGU-K, convertir la energía cinética en energía eléctrica; lo chulo era que los pilotos podían gastar esa energía cuando quisiesen durante siete segundos por vuelta.

En el transcurso de esas temporadas, el volante empezó a incluir un botoncito para quemar esa energía a tu gusto y así recibir un impulso extra de potencia cuando más te conviniese. Los pilotos, normalmente, lo gastaban en la salida, en intentos de adelantamiento o en maniobras de defensa a la salida de una curva. Al tratarse de un prototipo, no era muy potente: la mitad que un MGU-K, es decir, alcanzaba los 60 kilovatios extra, unos ochenta caballos. Una vez que habías fulminado toda la energía, te quedabas sin potencia eléctrica hasta la siguiente vuelta.

El volante actual conserva un botoncito para recibir un plus de energía en los adelantamientos, el *overtake button*, pero utilizarlo no te funde toda la potencia eléctrica como antes. Bueno, si lo gastas toda la vuelta, puede que sí. Con un ERS[1] mucho más dinámico, puedes disfrutar de esa potencia extra en determinados momentos mientras el resto de la batería se gestiona automáticamente en otros puntos del circuito.

Al MGU-K se le suma el MGU-H (Motor Generator Unit-Heat), un motor eléctrico que convierte la energía térmica del escape del coche en energía eléctrica. Está conectado al turbo y, una de dos, o almacena energía en una batería como hace el MGU-K, o impulsa el turbo para mejorar el rendimiento y la gestión del combustible.

¿Cuál de los dos es más importante? Bueno, es opinable, porque los dos cubren necesidades distintas. El MGU-K digamos que contribuye más a la velocidad punta del coche; el MGU-H, a la eficiencia del motor. Pero a partir del 2026, con el nuevo reglamento de motores, la Fórmula 1 solo se quedará con uno de los dos. El concursante que deberá abandonar la academia será... el MGU-H.

Pese a la utilidad de este motor eléctrico, la FIA se va a librar de él por su enorme complejidad de fabricación y funcionamiento, por su coste de producción y por el escaso interés que suscita entre los fabricantes de motores. La tecnología usada en el MGU-K puede utilizarse en los nuevos coches de calle, mientras que ahora mismo no hay nadie dispuesto a probar en sus fábricas nada parecido al MGU-H.

1. El ERS (Energy Recovery System) es el sistema de recuperación de energía actual, que incluye el MGU-K y el MGU-H.

Ya sabéis que en el 2026 Audi y Ford se sumarán a la Fórmula 1 como motoristas, con Cadillac a la espera en el 2028. Ninguno de ellos tiene interés en gastar dinero en investigaciones con un motor al que no van a dar ningún uso fuera de la F1. Eliminándolo, reducen costes y dificultades en la producción de la unidad de potencia, por eso la FIA ha decidido suprimirlo y por eso estos motoristas se han unido a la categoría.

La duda que hay ahora es si los motores del 2026 lograrán ser igual de potentes con 35 kilos menos de combustible por carrera y sin el MGU-H. El tricampeón del mundo, Max Verstappen, confesó a mediados del 2023 que «por el momento pinta muy mal», mientras que su jefe de equipo, Christian Horner, estimaba que los pilotos tendrán que levantar el pie mucho antes de llegar a las curvas para regenerar esas enormes baterías, lo que se llevará por el camino buena parte de la espectacularidad de la carrera. Ya se verá.

Cerramos nuestro repaso de la unidad de potencia comentando la batería, la centralita electrónica y el escape.

La **batería**, pues lo dicho: almacena la energía que le van suministrando el MGU-K y el MGU-H. A la mínima que falle dicha batería, hecha con iones de litio, la entrega de potencia eléctrica será muy limitada. En las series de clasificación, donde todo se decide por milésimas, marcará mucho la diferencia.

La **centralita electrónica** es, sin duda, el cerebro de un Fórmula 1. Prácticamente todo pasa por ahí: gestiona el motor y toda la potencia eléctrica, controla la caja de cambios, manda los datos del coche al muro de ingenieros... Todo lo que te puedas imaginar y más. Esto también lo encontráis en los coches de calle.

Y, por último, pero no menos importante, el **escape.** El sistema de escape de un Fórmula 1 actual se divide en cuatro componentes y está hecho de materiales ligerísimos que deben aguantar temperaturas muy altas. Es el componente que más veces se puede cambiar a lo largo de la temporada.

Estos motores tan modernos, por cierto, utilizan combustible más o menos convencional. Conviene señalarlo porque mucha gente espera encontrarse unos brebajes radicalmente distintos a los comunes, y nada más lejos de la realidad. Según Ferrari, «lo que te encuentras en un Fórmula 1 es un 99 % idéntico a lo que te puedes encontrar en una gasolinera».

De hecho, en el 2011 Fernando Alonso probó el Ferrari del 2009 dando cuatro vueltas con el combustible de la F1 y luego con el combustible de una gasolinera. La diferencia fue de nueve décimas. Con la gasolina normal, como dato, alcanzó una mayor velocidad punta.

Se pretende que estas unidades de potencia sean menos contaminantes y más eficientes y fiables que los anteriores motores V8 o V10. No hace muchos años, los equipos estrenaban motores y los tiraban a la basura cuando les daba la gana. Esto, en la Fórmula 1 moderna, no se puede hacer. Y si lo haces, te penalizan.

Cada componente que acabo de mencionar puede cambiarse un número máximo de veces cada temporada. Si un equipo con problemas de fiabilidad excede dicho límite, se verá obligado a cumplir una sanción (consistente en situarse varios puestos más atrás en la parrilla de salida) en el Gran Premio en el que estrene el nuevo componente. Por eso las unidades de potencia deben ser fiables y duraderas.

Para que tengáis aquí la referencia, os dejo el límite exacto de cada componente por temporada, ya que cada uno tiene el suyo. Se corresponden con la normativa vigente entre las temporadas 2022 y 2025:

Componente	Máximo de cambios anuales
Motor de combustión (ICE)	4
Turbocompresor (TC)	4
MGU-K	4
MGU-H	4
Batería (ES)	2
Centralita electrónica (CE)	2
Sistema de escape	8

Si excedes por primera vez el límite	Sanción de 10 puestos en parrilla
Si excedes más veces el límite	Sanción de 5 puestos en parrilla*

* Cada vez que suceda.

Esto suele verse a final de temporada, cuando los componentes del motor de muchos pilotos ya están muy cascados. Muchos equipos optan por penalizar «estratégicamente»: escogen los circuitos donde saben que van a ir lentos y aprovechan para acatar ahí la sanción.

Es decir, si eres Williams y tienes que cambiar, por ejemplo, el motor de combustión, no te interesa hacerlo en Monza, circuito con rectas donde sabes que puedes ir rápido. Mejor te esperas a Singapur, circuito con mucha curva lenta donde irás fatal, para cambiar el motor tocado y cumplir la sanción en la parrilla.

Otra táctica para penalizar «estratégicamente» consiste en esperar a algún circuito en el que sepas que se puede adelantar. Spa-Francorchamps, por ejemplo, es un trazado en el que muchas escuderías suelen aprovechar para renovar sus motores. En cambio, a nadie se le ocurriría hacerlo en, qué sé yo, Mónaco, donde si caes de la primera a la undécima posición de la parrilla, ahí te vas a quedar el resto del día. A ver cómo adelantas el domingo.

Pero, bueno, a veces la vida te da sorpresas y debes acatar una sanción mucho antes de lo previsto. En la temporada 2023, Charles Leclerc sufrió una sanción de diez puestos en parrilla... en el segundo Gran Premio de la temporada. Tal y como habéis leído.

En el primer fin de semana del año, en Baréin, el monegasco cambió su primera batería debido a un problema en la clasificación. En carrera, esa segunda batería también se averió. Y, por tanto, dado que el límite está fijado en dos baterías por año, tuvo que utilizar una tercera en la segunda carrera de la temporada. Diez puestos de sanción se tuvo que comer. Un arranque de año peculiar cuando menos.

LA RELACIÓN ENTRE MOTORISTAS Y EQUIPOS CLIENTE

Tal y como he mencionado tímidamente al arranque de este libro, se ha de remarcar que no todos los constructores producen su propia unidad de potencia. Los únicos equipos que cuentan con motor propio son Mercedes, Ferrari, Alpine (Renault) y Red Bull. En el caso de Red Bull, utiliza motores y tecnología Honda, pero como los japoneses dejaron la Fórmula 1 a finales del 2021 (regresarán más adelante), sus unidades de potencia se renombraron como RBPT Honda.

Esos son los equipos «de fábrica», digamos. Y, por otro lado, tenemos al resto: McLaren, Aston Martin, Williams, AlphaTauri, Alfa Romeo y Haas. Son los **equipos cliente**, aquellos que no producen su propia unidad de potencia y se ven obligados a negociar con los motoristas para que se la suministren.

McLaren, Aston Martin y Williams utilizan un motor Mercedes; AlphaTauri, como buen hermano pequeño de Red Bull, un RBPT Honda; y Alfa Romeo y Haas, uno de Ferrari.

¿Ser un equipo cliente tiene desventajas? Sobre el papel, no. Pero, en verdad, todos sabemos que sí. Esto ya es mi opinión, eh, pero ahora os cuento por qué pienso así.

Cualquiera podría creer que los equipos «de fábrica» se quedan con los mejores motores, mientras que los peores —o, por lo menos, los que no cuentan con las últimas actualizaciones— son para los equipos cliente. Pero, tras años y años de dudas, la FIA estableció por reglamento que los fabricantes debían suministrar a todos exactamente los mismos motores. Las unidades que utilice Mercedes no pueden ser distintas a las que monte Williams, por ejemplo.

Ser cliente no quiere decir que sí o sí vayas a ser peor equipo que tu proveedor. Sin ir más lejos, en la segunda mitad de la temporada 2023, McLaren sumó más puntos que Mercedes, el equipo del fabricante que le suministra el motor. En la primera mitad, casi pasó lo mismo con Aston Martin, otro cliente de la marca alemana.

Pero los constructores que producen su propio motor cuentan con una ventaja que salta menos a la vista: se pueden permitir el lujo de mejorar la unidad de potencia a sabiendas de los aspectos que más les benefician, los más indicados para la evolución de su coche. Es la misma unidad para todos, sí, pero el motor Mercedes siempre se amoldará mejor a un chasis de Mercedes, como es evidente.

En los últimos veinticuatro años de Fórmula 1, entre el 2000 y el 2023, solo dos equipos cliente han ganado el Mundial de Constructores: Red Bull-Renault, que arrasó entre el 2010 y el 2013, con un rendimiento muy por encima del que mostró su equipo de fábrica; y Brawn GP, que en el 2009 logró un extraordinario triunfo y escribió su nombre en la historia utilizando un motor Mercedes.

Pero, ojo, en el 2009 Mercedes no tenía un equipo propio en la Fórmula 1. De hecho, compraron la estructura de Brawn a finales de esa misma temporada con vistas a fundar su equipo de fábrica en el 2010. Por tanto, Brawn ganó siendo un cliente..., pero sin tener que afrontar todavía el conflicto de ganar a su proveedor.

Lo mejor, sin duda, es tener un motorista para ti solito, porque se centrará en ti y solo en ti. La unidad de potencia se diseña pensando en tu coche, todas las exigencias se basan en tus necesidades y los empleados de la marca te prestan a ti toda su atención. Solo puedes codearte año sí y año también con los grandes si eres capaz de construir tu coche a la par que te fabrican un motor.

Sí, Red Bull consiguió ganar como equipo cliente, pero los cinco años siguientes (2014-2018) fueron terroríficos para ellos. Los rifirrafes con su proveedor, Renault, fueron constantes. Sus dos pilotos empezaron a sufrir una avería tras otra y la mala relación entre ambas marcas hizo que rebautizaran el motor como «TAG Heuer» para que el nombre de Renault no apareciera en su coche.

Todo cambió en el 2019, cuando Red Bull llevó a cabo una auténtica jugada maestra. Contra todo pronóstico, se desvinculó de Renault tras años de broncas y se alió con el motorista que nadie quería: Honda.

La mítica marca japonesa había regresado a la Fórmula 1 en el 2015 de la mano de McLaren. Esta unión se había vuelto legendaria unas décadas antes, de ahí que llamase la atención de Fernando Alonso. El resultado, no obstante, fue pésimo: los japoneses subestimaron la complejidad del nuevo motor de la Fórmula 1, las averías se sucedieron y el ritmo de carrera fue horroroso.

Después de tres años de penurias, McLaren se desvinculó de Honda y se decantó por los motores Renault. Y a Honda, sola y desolada, se le acercó Red Bull. Fue un movimiento arriesgado, pero, viéndolo ahora con perspectiva, brillante: los austríacos se ahorraron los años de destrozos continuos sufridos por McLaren aliándose con Honda en el momento oportuno, cuando el fabricante ya acumulaba experiencia en la tecnología híbrida.

Primero, acordaron que Honda solo suministrara motores a su equipo B, Toro Rosso, en el 2018. Así podrían verificar si, efectivamente, ya no había problemas con las unidades de potencia de la marca japonesa. Y, dadas las buenas sensaciones, se centraron en Red Bull a partir del 2019. Dos años después, Max Verstappen se convirtió en campeón del mundo. Jugada de época.

¿Esto habría sucedido con Red Bull siendo cliente de Alpine/Renault o de algún otro equipo de fábrica de la parrilla? ¿Habrían logrado ganar también el Mundial de Constructores en el 2022 y el 2023? A lo mejor. Yo lo dudo.

He ahí la importancia de tener a un motorista trabajando contigo codo con codo. A partir de la temporada 2026, a los equipos de fábrica se les sumará Audi, que producirá un coche y su propio motor. Quizá estemos ante un futuro contrincante por el título en la categoría reina. Y ojo con Aston Martin, que, desde mi humilde punto de vista, ha estado acertadísimo aliándose con Honda para esa temporada.

Honda se había quedado sin pareja de baile para el 2026, ya que Red Bull se había aliado con Ford de cara a ese año. Aston Martin va con todo con sus nuevas instalaciones y con una financiación de infarto. La única desventaja que podía tener frente al resto era su condición de cliente de Mercedes. *Not anymore*. El futuro puede ser muy prometedor para los Stroll.

«CONGELACIÓN» DE LOS MOTORES

Pero para eso habrá que esperar al 2026, porque es a partir de esa temporada cuando se «descongelarán» los motores. Esta expresión no implica que, literalmente, los motores estén ahora mismo metidos en un congelador a lo Walt Disney (ya sé que es una leyenda, no me digáis nada en redes). Que un motor esté «congelado» significa que la FIA prohíbe su desarrollo. Si leéis este libro en el 2024, debéis saber que los motores llevan congelados desde el 2022 y lo seguirán estando hasta el 2025.

¿Por qué la FIA prohíbe de vez en cuando el desarrollo de una unidad de potencia? Pues por varios motivos. Su congelación en el período 2022-2025, por ejemplo, se debe al cambio de reglamento técnico previsto para el 2026. La Federación bloquea la evolución de las unidades actuales para que los fabricantes centren todos sus esfuerzos en producir los nuevos motores y en pulirlos de acuerdo con los cambios en el reglamento.

Otro motivo es que permite ahorrar costes y fomentar un pelín más la igualdad en la parrilla. Frenando las constantes evoluciones se logra que no haya tanta diferencia entre las escuderías que utilizan distintas unidades de potencia. Así, los equipos cliente no se ven ni beneficiados ni perjudicados por un producto que no es suyo, y solo mejoran o empeoran en función del trabajo de su propia fábrica.

En esos períodos de bloqueo, la FIA solo autoriza intervenir en las unidades de potencia en casos de extrema necesidad. Por ejemplo, si un diseño de motor es claramente defectuoso y tiene graves problemas de fiabilidad, es posible corregirlo siempre y cuando las mejoras no afecten a su potencia. Asegurarse de eso no es tarea fácil, pero ya se apañarán.

Gracias a estas excepciones, Ferrari pudo subsanar sus problemas de fiabilidad y apuntalar el buen funcionamiento del motor antes de que su desarrollo se congelase en el 2022. Esto también le ha venido muy bien a Red Bull, pues podrá seguir usando los motores de Honda hasta el 2025, pese al fin de su vinculación con los japoneses al término de la temporada 2021, cuando estos abandonaron la Fórmula 1 (aunque, como digo, regresarán en el 2026).

En el 2026, el nuevo reglamento técnico supondrá un apasionante reto de ingeniería. Más adelante, pongamos que en el 2034, quizá vuelva a congelarse su desarrollo para afrontar una nueva normativa. Ya iremos viendo.

CAPÍTULO 7

LOS NEUMÁTICOS

Y, para finiquitar la parte más técnica de la guía, la que gira alrededor del monoplaza, hablemos ahora de los neumáticos. El asunto de las gomas tiene mucha más miga de la que pueda parecer, porque, vale, todos llevan las mismas, pero cada uno las gestiona a su manera. Hay equipos que son capaces de sacarles el máximo rendimiento vuelta tras vuelta; otros, en cambio, sufren mucho con la **degradación**.

Desde el 2011, la Fórmula 1 cuenta con un solo proveedor de neumáticos: Pirelli. En años anteriores pudimos ver otras marcas, como Bridgestone, Michelin y Goodyear, entre otras. En el 2005, cuando empecé a seguir la categoría, cada equipo podía elegir el proveedor que quisiera.

Michelin y Bridgestone coexistían en la parrilla, y esto creo que les daba un picante adicional a las carreras. Había Grandes Premios en los que las gomas Michelin rendían mejor, mientras que en otros era Bridgestone la marca que destacaba.

Las diferencias entre compuestos se plasmaron en el infame Gran Premio de Estados Unidos del 2005. En esa carrera, Michelin, que suministraba los neumáticos a la mayor parte de la parrilla, cometió un error en la producción y sus gomas no fueron capaces de resistir la carga que experimentaban al paso de ciertas curvas del circuito.

Esta carga dañaba mucho los neumáticos, y si seguías rodando, llegaba un punto en que reventaban. Hubo varios afectados en los entrenamientos libres; el que se llevó la peor parte fue Ralf Schumacher, que sufrió un grave accidente y no pudo competir ese fin de semana.

Tras una investigación, Michelin anunció que no podía garantizar la seguridad de sus neumáticos, de modo que el rendimiento de las escuderías a las que equipaba era una incógnita. Ante esta situación excepcional, los equipos afectados propusieron la instalación de curvas adicionales para no cargar tanto los neumáticos, o la obligatoriedad de pasar por las curvas críticas a menor velocidad.

Pero Ferrari, que utilizaba neumáticos Bridgestone, se negó. Dijeron que tanto ellos como su fabricante habían hecho su trabajo, y que si Michelin no había hecho el suyo, no era su problema. ¿Cuál fue el resultado? En la vuelta de formación, los monoplazas con neumáticos Michelin se metieron en boxes, así que solo compitieron los equipos con gomas Bridgestone. Fue una carrera de seis coches: los dos Ferrari, los dos Jordan y los dos Minardi (estos últimos dos equipos eran los peores de la parrilla). Una de las mayores vergüenzas de la Fórmula 1 moderna.

Esto dañó mucho la imagen de Michelin, que terminó dejando la categoría al cabo de dos años. Bridgestone se quedó como único proveedor para toda la parrilla, pero desde el 2011, como decía antes, su lugar lo ocupa Pirelli.

En cada Gran Premio, Pirelli ofrece cinco tipos de neumáticos distintos, que cada equipo usa a discreción: dentro de los neumáticos de seco, ofrece unos sets **blandos**, **medios** y **duros**; y con respecto a los neumáticos de lluvia, unos sets **intermedios** y de **lluvia extrema**.

Los neumáticos de lluvia son esenciales en la Fórmula 1. Un monoplaza actual con neumáticos de seco no dura ni una curva bajo una lluvia torrencial. La razón es el **aquaplaning**. Un coche de Fórmula 1 sufre *aquaplaning* cuando, por culpa de la lluvia, sus neumáticos pierden contacto con el asfalto. Si la goma no es capaz de evacuar el agua, se crea una especie de capa entre la rueda y el asfalto que deja «flotando» el monoplaza. Y, claro, si un monoplaza con tanta potencia pierde el agarre con el asfalto, el trazado se convierte en una auténtica pista de patinaje.

Esto sucede porque los neumáticos de seco de la Fórmula 1 son totalmente lisos. No tienen ni un solo surco o dibujo que ayude a evacuar el agua que hay en pista. Se diseñan así para que, en seco, las gomas tengan la máxima superficie posible de contacto con el asfalto y proporcionen un mayor agarre, lo que se traduce en una mayor velocidad. En seco van de lujo. Pero, claro, si de repente se pone a llover, los coches pierden una cantidad de tiempo espectacular, ya que los pilotos deben rodar muy lentos para no perder el control.

De izquierda a derecha, neumático de seco, neumático de lluvia extrema y neumático intermedio.

Las gomas de lluvia sí tienen esos surcos que mencionaba, gracias a los cuales el agua dispone de un «hueco» de salida cuando la rueda pasa por encima de un tramo encharcado. Es, básicamente, lo que ocurre con los neumáticos de vuestro coche. Las gomas de los automóviles de calle tienen esos surcos porque deben funcionar en todo momento; igual ahora luce un sol radiante pero dentro de diez minutos empieza a diluviar. Y, claro, no os vais a poner a cambiar neumáticos cada vez que se echa a llover.

En la Fórmula 1 sí que toca hacerlo, y creedme que suele ser bastante divertido. La carrera se convierte en una lotería, porque nadie sabe cuánto más va a llover y cómo va a estar la pista en la siguiente vuelta. La estrategia pasa a manos de los pilotos, y a los equipos no les queda más remedio que fiarse de su instinto: si uno quiere neumáticos intermedios, pues intermedios; y si luego su compañero pide neumáticos de lluvia extrema, pues de lluvia extrema. No hay una estrategia en firme.

La diferencia, por cierto, entre los neumáticos intermedios y los de lluvia extrema es que estos últimos tienen muchos más surcos y, por tanto, una mayor capacidad de evacuar agua. Los intermedios son los ideales cuando empieza a llover pero la pista no está aún lo suficientemente empapada.

Con respecto a los neumáticos de seco, como decía, en cada carrera se dispone de varias clases: blandos, medios y duros. Cada uno tiene sus ventajas.

El blando, como su propio nombre indica, es el neumático más blando de todos: una goma muy rápida que ofrece mucho agarre. Pero, a la vez, es menos resistente y se desgasta enseguida.

El duro es el más duradero y resistente, el que menos degradación sufre. Y, claro, es bastante más lento al proporcionar mucho menos agarre.

Y el medio..., pues es medio. No es el neumático más rápido, aunque tampoco el más débil.

El blando es el neumático que más se utiliza en las series de clasificación, en las que no da tiempo a que las gomas se degraden. Por el contrario, es el que menos se ve en carrera, ya que su rápido desgaste puede fastidiar la estrategia: ahí interesan más el medio y el duro.

Pero, ojo, esos neumáticos blandos, medios y duros no son los mismos carrera tras carrera. El blando que se utiliza en Mónaco, por ejemplo, es mucho más blando que el que se monta en Silverstone. Sin embargo, ambos son un neumático blando. ¿Cómo puede ser?

Veréis, en cada temporada Pirelli fabrica seis especificaciones distintas de gomas de seco. Se llaman C0, C1, C2, C3, C4 y C5. El C0 es el neumático más duro; el C5, el más blando. Y, para cada Gran Premio, Pirelli escoge cuáles de esos seis neumáticos serán el blando, el medio y el duro.

Se hace así porque cada circuito es diferente: algunos asfaltos castigan mucho los neumáticos; en otros, en cambio, rodar es casi un paseo. Mónaco, por ejemplo, no castiga nada las gomas; por tanto, lo ideal es escoger del C3 al C5, siendo el C3 el duro y el C5 el blando. En Silverstone, por el contrario, lo ideal es escoger del C1 al C3, ya que es un circuito mucho más exigente para las ruedas.

Haciendo esto, Pirelli logra adaptarse a cada circuito y darle más picante a la carrera. Imaginadlo: si los neumáticos fuesen siempre del C1 al C3, en Mónaco no sufrirían ninguna degradación y durarían toda la carrera; sería un muermo. Y, al revés, también evitas un caos: si, por ejemplo, todas las gomas fueran del C3 al C5, en circuitos como Silverstone tendrías que estar parando en boxes cada cinco vueltas. Aunque reconozco que esto tendría su punto.

Y, claro, se les llama blandos, medios y duros para evitar el jaleo de recordarle a la audiencia que «los neumáticos elegidos hoy son el C2, el C3 y el C4». La gente ni siquiera sabría si son blandos o duros. Pensad que en algunas carreras el C3 es el neumático blando, mientras que en otras es el duro. Habría confusiones constantes. Así que nada, fuera líos: se escogen tres gomas consecutivas y, sean las que sean, serán el neumático blando, el medio y el duro.

LA DEGRADACIÓN

Lo que está claro es que durante un Gran Premio los neumáticos van a sufrir daños. Ya sean cincuenta o sesenta vueltas, nunca veréis un set de gomas que termine la carrera tal y como arrancó. ¿Verdad que en los coches de calle es recomendable cambiar las ruedas cada cierto tiempo? ¿Verdad que cuando ya están gastadas se nota en el manejo? En la Fórmula 1 pasa exactamente lo mismo. Aunque, claro, lo que en un coche normal se nota a los cuarenta o cincuenta mil kilómetros, en un F1 se nota a los cien. O antes.

Durante una carrera, todos los equipos pasan por el aro y sufren con la degradación de las ruedas. Pero, como comentaba antes, no es uniforme: algunos lo pasan peor que otros, ya que cada uno lleva una configuración distinta. Ferrari y, especialmente, Haas fueron las escuderías que más sufrieron con las gomas en la temporada 2023. Los italianos pudieron corregir el problema a lo largo del año introduciendo cambios en el comportamiento del coche; Haas, sin embargo, fue incapaz de mejorar este contratiempo. Carrera tras carrera, eran los primeros en parar. Sus gomas se degradaban enseguida.

¿Qué es lo que sucede realmente para que las gomas pierdan rendimiento? Para entender esta clave de las carreras hay que hablar de los dos principales responsables del desgaste: el **blistering** y el **graining**. Estos dos fenómenos no son los únicos que se dan en un Fórmula 1, pero sin duda son los más comunes.

El *blistering* suele producirse a alta temperatura, tanto ambiental como, sobre todo, del asfalto, y en circuitos rápidos. *Blistering* viene de *blister*, que traducido al español es «ampolla».

Como veis en la imagen, el *blistering* hace acto de presencia cuando el neumático se llena de estas ampollas, unas pequeñas burbujas. Ya sea por las elevadas temperaturas que mencionábamos o por la caña que se le da en las curvas de alta velocidad, el neumático puede sufrir un sobrecalentamiento muy bestia. Si esto sucede, la goma se empieza a descomponer por dentro, por eso aparecen esas burbujitas. Y, claro, como la rueda deja de ser totalmente lisa y adquiere una forma menos uniforme, el agarre es menor y el ritmo es más lento.

Estragos del *blistering* en el neumático del Ferrari SF71H de Kimi Räikkönen (Monza, 2018).

El fenómeno contrario es el *graining*. Este fenómeno se da justo cuando la temperatura del neumático no es la adecuada y choca con la de la pista. Sucede tanto si la temperatura del asfalto es muy baja y la rueda está sobrecalentada como si la rueda se encuentra todavía fría y la pista está que arde.

Si se produce alguna de estas situaciones, la goma se va desprendiendo en forma de pequeñas virutas..., pero estas se enganchan a ella. Por tanto, te queda un neumático granulado, estilo gotelé. La rueda que sufre *graining*, igual que ocurre con el *blistering*, deja de ser lisa.

Las causas son diferentes, pero el problema es el mismo: cuando tu neumático pasa de tener una superficie lisa a una desigual, el agarre disminuye, ya que hay partes de la goma que empiezan a tener menos contacto con el suelo. En consecuencia, tu velocidad es menor.

Graining en un Pirelli tras el Gran Premio de Gran Bretaña del 2013.

Habréis visto que, cuando surgen estos inconvenientes, algunos pilotos empiezan a deslizarse más a la salida de las curvas. Es como lo que hemos comentado con respecto a las condiciones de lluvia: si no tienes el agarre suficiente para controlar la potencia tan bestia de un monoplaza, empiezas a deslizarte y, posiblemente, a hacer trompos como si no hubiese un mañana.

El neumático también puede dejar de rendir súbitamente si el piloto **bloquea** la rueda. Esto sucede cuando aprieta demasiado el freno y el neumático se bloquea, lo que impide girar. Al dar un frenazo, la misma zona del neumático se arrastra muchos metros contra el asfalto, y esto hace que la goma no se desgaste de la misma manera en toda su superficie.

Cuando el piloto levanta el pedal del freno y se desbloquea el giro de la rueda, se descubre el pastel. La parte que se ha arrastrado todo el rato por el asfalto queda súper lijada, mientras que el resto de la goma está igual que antes. Es ahí donde la superficie deja de ser uniforme. Y entonces el coche tiene menos agarre y sufre los problemas que ya hemos comentado.

Tener la rueda así es como jugar al fútbol con un balón abollado. Si está totalmente liso, el balón va por donde tiene que ir. Si no, es imposible jugar con normalidad. En la Fórmula 1, el inconveniente de las ruedas «abolladas» es que están ancladas al monoplaza. Y una rueda en ese estado, si vas a la velocidad de siempre, empieza a botar.

Ese es el auténtico problema de los bloqueos: no se trata solo del ritmo, sino del riesgo de accidente. Uno de los más impactantes que recuerdo haber visto en mi infancia fue el de Kimi Räikkönen en el Gran Premio de Europa del 2005, y la causa fue justo esa.

A falta de veintiséis vueltas para el final y liderando la carrera, el piloto de McLaren bloqueó muchísimo la rue-

Desgaste del Pirelli de un Williams FW42 tras unos entrenamientos libres en Silverstone (2019).

da delantera derecha. Esto dejó su neumático fatal, con un **plano**, tal y como lo llamamos en España. La rueda empezó a vibrar, pero Kimi siguió adelante.

Las vibraciones eran tan bestias que, en la última vuelta, el neumático se acabó soltando. Las fuerzas que provocaba el bote de la rueda habían destrozado por completo la suspensión delantera, que no pudo soportar y amortiguar tanto rato ese movimiento constante. El coche salió descontrolado tras la recta principal y Räikkönen tuvo que abandonar la carrera. Gracias a ello Fernando Alonso ganó el Gran Premio.

Debido a estas cosas, cuando un piloto sufre un gran plano en los entrenamientos libres, descarta ese set de gomas para el resto del fin de semana. El *blistering* y el *graining* todavía se pueden salvar yendo más lento y siendo menos agresivo al volante. Pero sí es cierto que ante estos fenómenos lo habitual es parar enseguida en boxes para quitarse de encima esas ruedas. Así se intenta perder el mínimo tiempo posible en pista.

Y esto a lo mejor no lo parece, pero es importantísimo: sin una buena gestión de los neumáticos no vas a ninguna parte. A una vuelta cualquiera puede ir rápido, pero hay que aguantar el trote de los domingos. Si no, preguntadles a los de Ferrari: en el 2023 se llevaron siete *poles* de veintidós. En cambio, solo ganaron una carrera. ¿Por qué? Pues por eso: a una vuelta, genial; pero tras cinco giros el domingo, ya estaban detrás de los Red Bull.

CAPÍTULO 8

LOS CIRCUITOS

La Fórmula 1 viaja por todo el mundo prácticamente sin descanso. Cada vez son más los circuitos que visitamos: la temporada 2024 superará el récord de carreras con veinticuatro Grandes Premios. Y lo bonito de todo esto es que cada circuito es de su padre y de su madre. En cada país, los veinte pilotos de la parrilla afrontan un reto radicalmente distinto.

Bien es cierto que algunos circuitos pueden guardar similitudes con otros, especialmente los nuevos, cuyos trazados se inspiran a menudo en el de otros. Sin embargo, hay algunos circuitos que no tienen punto de comparación con ningún otro.

Y eso es precisamente lo que hace de la Fórmula 1 una disciplina tan imprevisible. Si todos los circuitos fuesen iguales, los resultados serían prácticamente los mismos todo el tiempo. En cambio, contando con circuitos diferentes, obligas a los equipos a ir retocando su configuración para amoldarse a cada trazado. Y puede que algunos coches funcionen muy bien en un tipo de circuito pero no tanto en otro.

Comparemos algunos circuitos, para que así entendáis por dónde voy.

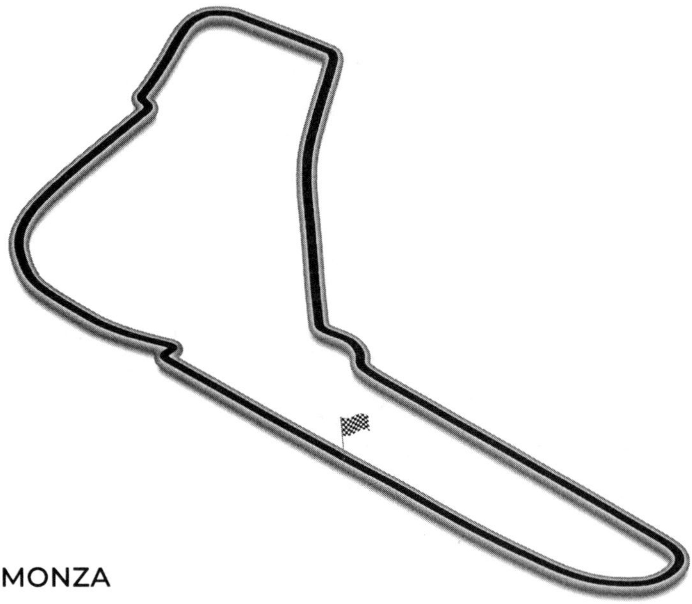

MONZA

Aquí tenéis el templo de la velocidad: el Autódromo de Monza, historia viva de este deporte. Como veis, su diseño es bastante «sencillo». Casi no tiene curvas y predominan las rectas. Las únicas frenadas importantes son las de las curvas 1 (la *chicane* que corta la recta principal) y 2. Las otras curvas se pasan a mediana y alta velocidad; es suficiente con bajar un par de marchas.

Se trata de un circuito rapidísimo en el que lo más importante es tener una gran velocidad punta, porque la mayor parte del tiempo estás yendo a fondo. En Monza, los equipos reducen el ángulo de los alerones para que el aire los frene menos en las rectas. Ya hemos comentado antes que con esto se pierde carga aerodinámica, pero como en este circuito hay tan pocas curvas, resulta insignificante.

En Monza se gana más tiempo en recta del que se puede llegar a perder en curva.

En cambio, en el siguiente circuito sucede todo lo contrario:

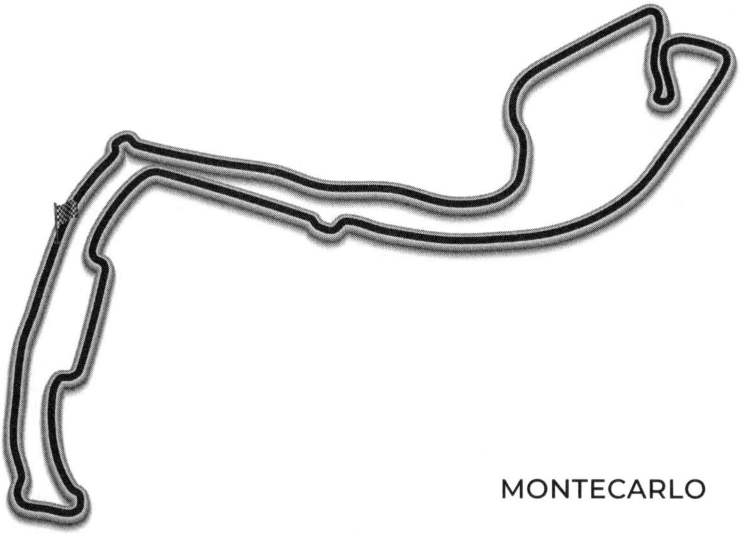

MONTECARLO

Este es el circuito de Montecarlo. De largo, el más lento del calendario. El plano a lo mejor os hace pensar que, pese a contar con más curvas, tampoco se diferencia tanto de Monza. Pero que las dimensiones de la imagen no os engañen: el circuito monegasco mide 2400 metros menos que el italiano. En ninguna de sus «rectas» (que no lo son) se alcanza la octava marcha. La recta principal es de tan solo 400 metros; la de Monza es el triple de extensa.

En este circuito debes estar girando y frenando todo el tiempo. Es todo curvas, grandes cambios de elevación y baches. No hay ni un solo punto de adelantamiento fácil. Eso explica por qué la clasificación del Gran Premio de Mónaco es la más importante del año: si sales primero, es casi imposible que te vayan a adelantar el domingo, por muy lento que vayas.

Para adaptarse a este circuito, los equipos hacen justo lo contrario que en Monza: sacrifican la velocidad punta y meten la máxima carga aerodinámica posible. En el circuito monegasco vemos los alerones traseros más altos de toda la temporada, con la mayor superficie posible para que el aire frene al coche y le dé más agarre en las curvas. Porque en Montecarlo, con tanto giro, se gana más tiempo en las curvas del que puedas llegar a perder en las «rectas», por llamarlas de alguna manera.

Y la diferencia es notable. En la siguiente comparativa —un pelín inexacta porque los ángulos de la foto no son los mismos— podéis verlo en las alas. A la izquierda, el alerón de Mónaco; a la derecha, el de Monza. Objetivos distintos para circuitos distintos.

Comparativa del alerón trasero del Red Bull RB19 en Mónaco (izquierda) y en Monza (derecha).

A causa de estas diferencias entre los circuitos, los equipos no rinden de la misma manera en todas partes. Hay escuderías que, por ejemplo, tienen una muy buena velocidad punta y cuando llegan a circuitos como Monza destacan más de lo habitual. Puede ser el caso de los Williams. Alex Albon, en el Gran Premio de Italia del 2023, anotó el mejor fin de semana de la escudería en todo el año.

En cambio, a la vez que alcanzan grandes velocidades punta y triunfan en los circuitos con mucha recta, sufren en los circuitos revirados, ya que no tienen tanta carga aerodinámica como los demás. Por tanto, ¿qué pasa cuando corren en sitios como Mónaco? Que desaparecen.

Lo mismo ocurrió, aunque al contrario, con Aston Martin a principios de la temporada 2023. El equipo de Fernando Alonso sufría mucho con la velocidad en recta. Es por ello por lo que montaron su primera mejora de cara al Gran Premio de Azerbaiyán, un circuito con un tramo a fondo de 2,2 kilómetros. La mejora subsanó un poco los problemas, pero no lo suficiente: Alonso perdió el podio en un período del año en el que no solía bajar del Top 3. Donde el Aston Martin brillaba era en los tramos lentos. Gozaba de una tracción y una estabilidad envidiables a la salida de las curvas. Y, claro, al llegar a Mónaco, un circuito formado casi completamente por curvas lentas, Alonso se quedó a milésimas de la *pole* por primera vez en once años. Fue el Gran Premio donde más cerca estuvo de la ansiada victoria.

Encontrar el balance perfecto es lo más complicado de todo. Es casi imposible diseñar un coche que corra mucho en recta y se mantenga «sobre raíles» en las curvas lentas y rápidas. Los que lo consiguen imponen dominios interminables, como Mercedes entre el 2014 y el 2016 o Red Bull en el 2022 y, especialmente, el 2023.

Algo muy destacable sobre los circuitos es que su ubicación también es determinante. Es decir, si el circuito de Monza estuviese construido donde se encuentra el de Ciudad de México, veríamos unas configuraciones de los coches totalmente distintas. ¿Por qué? Pues porque, dependiendo de la altitud, el efecto aerodinámico puede variar.

Pensad que a mayor altitud, menor densidad del aire. Hay menos oxígeno, así que el aire frena menos a los monoplazas y la resistencia aerodinámica disminuye. Por tanto, un circuito que se encuentre a gran altitud siempre planteará importantes retos aerodinámicos, independientemente de sus características.

El Autódromo Hermanos Rodríguez de México está situado a 2230 metros sobre el nivel del mar. Es, de largo, el más alto de la parrilla, por delante de los 789 metros de Interlagos y los 682 del Red Bull Ring.

En el circuito mexicano se registran las mayores velocidades punta de todo el campeonato, ya que allí el aire frena mucho menos a los monoplazas en las rectas. Lo curioso es que los coches anotan estas velocidades extremas... con la máxima carga aerodinámica posible. En México corren con los alerones de Mónaco.

Esto va en contra de todo lo que acabamos de ver, pero hay que remarcar que solo sucede en ese circuito. Es la excepción. Claro, como el aire no frena tanto, pues aprovechan y meten toda la carga que pueden. Así alcanzan una velocidad punta estratosférica, a la vez que cuentan con el máximo agarre en curva.

Por culpa de la altitud, en el circuito de la Ciudad de México los Fórmula 1 experimentan una reducción aproximada del 25 % de toda su carga aerodinámica. Por eso necesitan las alas de Mónaco: si usasen las de Monza, alcanzarían unas velocidades aún más extremas en recta, pero en curva no tendrían ningún agarre.

Al mismo tiempo, correr con un aire tan fino afecta mucho a la refrigeración del monoplaza. Al motor y a todos los demás componentes del coche les llega mucho menos aire que de costumbre, de manera que los equipos deben ir con mucha precaución.

En la unidad de potencia, el turbo trabaja para compensar la pérdida de rendimiento del motor. Es posible, aun así, que, para evitar problemas, el motor vaya más «capado» que en otros Grandes Premios. Y, para impedir que el coche se sobrecaliente, los equipos abren mucho las **branquias** con el fin de potenciar al máximo la refrigeración.

El problema de la refrigeración también lo puedes encontrar en trazados con altas temperaturas y mucha humedad, como el del Gran Premio de Singapur. Es un circuito que, por su ubicación, suele traer sorpresas: en el 2023 nos dejó la única victoria de un equipo que no fuese Red Bull, y en años anteriores era de los pocos trazados donde se podía frenar a Mercedes.

El diseño de los circuitos también influye mucho en el espectáculo que vemos desde casa. Los monoplazas van cambiando constantemente, pero los circuitos no, salvo alguna que otra remodelación. Esto hace que circuitos que funcionaban muy bien hace veinte años estén hoy obsoletos.

Mónaco es otro ejemplo perfecto de esto que digo. El circuito es estrechísimo y no se puede hacer gran cosa por cambiarlo, ya que la ciudad es la que es y te debes amoldar a ella. Pero, claro, los monoplazas sí van cambiando de tamaño. Hace cuarenta años el trazado ya era estrecho, pero es que ahora lo es mucho más, con los monoplazas «tanque» que tenemos desde hace unas cuantas temporadas.

Otro ejemplo es el que tenemos en casa: el Circuit de Barcelona-Catalunya. Este trazado alberga carreras de Fórmula 1 desde 1991, y es un circuito que quiero y adoro con toda mi alma. Pero el espectáculo en Montmeló ha menguado conforme los coches han ido evolucionando. Antes, la recta principal era lo suficientemente larga como para que los monoplazas adelantaran sin muchos problemas. Ahora, el circuito se les queda corto, y la curva 1 se ha convertido en un **punto de adelantamiento** bastante complicado.

Esto de los puntos de adelantamiento, algo que oiréis mucho, no son más que los sitios donde en un circuito es más fácil adelantar. Generalmente, están ubicados en zonas de frenadas fuertes tras una recta larga. En esa recta, los pilotos aprovechan el **rebufo** del piloto que los precede para abrir el DRS y superarlo en velocidad antes de apurar la frenada y ponerse por delante.

Esto del rebufo, por cierto, tiene que ver con la resistencia aerodinámica. El piloto que va delante, como ya sabéis, es frenado por el aire. Cuando pasa, deja una estela de aire con menor resistencia. Por tanto, si tiene un piloto justo detrás, este se beneficia de que el aire le frena menos, ergo alcanza más velocidad punta que su rival.

Con el riesgo de que algún experto en aerodinámica me crucifique por ello, voy a aventurarme a decir que esto del rebufo tiene similitudes con el ejemplo que os puse del paraguas. Imaginad que vais por la calle, caminando con un amigo, y empieza a llover y a soplar fuerte el viento. Vuestro amigo saca el paraguas y carga con él, y vosotros os ponéis detrás. En esa situación, vuestro amigo debe hacer mucha más fuerza que vosotros para seguir caminando, ya que él, al estar por delante, tiene que vencer una oposición del aire mucho mayor. Si hicieseis la misma fuerza que hace él para seguir caminando, acabaríais chocando, porque a vosotros el aire no os frena tanto y, por tanto, iríais más rápido que vuestro amigo.

Pues eso es el rebufo. De ahí que cada vez que un piloto quiere adelantar a otro se coloque justo detrás, a veces a unos pocos centímetros de distancia. El aire le frena menos, lo que aprovecha para ganar velocidad haciendo menos esfuerzo, pues incluso puede ahorrar combustible y energía por el camino.

Esto pasa también, a su manera, en el ciclismo. No sé si os va el Tour de Francia; yo he tenido que verlo en varias ocasiones durante grandes siestas de mi padre. Ahí, cuando llegan las etapas contrarreloj por equipos, veréis que van a rebufo. Es decir, cada ciclista se sitúa detrás de otro, todos pegaditos en fila india.

Haciendo esto logran ir a la velocidad deseada con menos esfuerzo físico, ya que el de delante deja al resto una estela de aire que opone menos resistencia. Y veréis que cada cierto tiempo los ciclistas se van turnando en el puesto de cabeza, para que no sea siempre el mismo el que lucha contra el viento mientras los demás van tan tranquilos.

Para que se note el rebufo, la Fórmula 1 necesita rectas largas. Es la única manera de que a los pilotos les dé tiempo a pegarse al de delante, cobren velocidad y puedan moverse a un lado para intentar el adelantamiento. En la F1 moderna, esas suelen ser las zonas de DRS, que «ayudan» al piloto que va detrás a lanzar el coche.

De ahí que los circuitos con pocas rectas, como los de Montecarlo, Hungaroring o Albert Park, sean los que permiten menos adelantamientos por carrera. Por el contrario, los que presentan más rectas, como los de Monza, Spa-Francorchamps o Las Vegas, son los que más oportunidades brindan a los pilotos.

LOS CIRCUITOS URBANOS

Cuando arrancó el Campeonato del Mundo de Fórmula 1 en 1950, la mayor parte de los circuitos eran urbanos. Por aquel entonces, no había tantísimos circuitos permanentes: escaseaban las infraestructuras diseñadas expresamente para albergar carreras de coches. Antaño, cerraban cuatro carreteras con balas de paja y a correr, con el público apurando los límites de la pista.

Conforme el automovilismo evolucionaba, las medidas de seguridad se iban endureciendo. Tras accidentes terribles como el de las 24 Horas de Le Mans de 1955, algunos circuitos urbanos fueron vetados y dejaron de ser aptos para categorías como la Fórmula 1. España fue uno de los países afectados.

El primer Gran Premio de Fórmula 1 celebrado en nuestro país se remonta a 1951 y recorrió algunas calles de Barcelona, concretamente del barrio de Pedralbes. Era una zona con calles anchas y rectas largas, ideal para la F1 del momento. Pero lo dicho: tras las nuevas exigencias de seguridad, que Pedralbes no pudo satisfacer, el circuito quedó clausurado. España tuvo que esperar catorce años para volver a albergar un Gran Premio de Fórmula 1: fue en 1968, en el nuevo circuito del Jarama.

Esa era la tendencia en los años sesenta: la categoría reina abandonaba las calles e iba inaugurando un circuito permanente tras otro, dotados cada vez de más medidas de seguridad. Se mantenían algunos trazados, claro está, como el de Mónaco. E iba naciendo el concepto de circuito *semiurbano*, que podía combinar zonas urbanas con otras creadas o adecuadas expresamente para el circuito. Así llegaron el Circuit Gilles-Villeneuve, en Canadá, o el de Albert Park, en Australia.

Pero la tónica pasó a ser la de circuitos permanentes, salvo alguna excepción. Así fue hasta el 2007, con diecisiete circuitos y solo tres de ellos urbanos o semiurbanos.

A partir de la temporada 2008 empezó a cambiar la cosa. La Fórmula 1 incorporaba dos nuevos circuitos urbanos: el de Valencia, sede del Gran Premio de Europa, y el de Singapur, que se convertiría además en el primer Gran Premio nocturno de la historia de la categoría. A Bernie

Ecclestone le gustaba la idea de inflar el calendario con mil y un circuitos, y los urbanos tenían cada vez más presencia en la Fórmula 1.

Era un negocio redondo: si metes ciudades con Grandes Premios en sus calles, habrá otras que lo verán y querrán hacer lo mismo. Un circuito urbano, además, no requiere tantísima inversión como uno permanente. Así que empezaron a desembarcar nuevos trazados. Uno de ellos fue el urbano de Sochi, que en el 2014 albergó el primer Gran Premio de Rusia. Dos años después llegaría el de Azerbaiyán, en las calles de Bakú.

En esa temporada 2016, seis de los veintiún Grandes Premios que formaban el calendario eran urbanos o semiurbanos. El cambio de tendencia era ya notable. Pero cuando Liberty Media compró la Fórmula 1, esto se acentuó todavía más. Los estadounidenses siguieron el plan de Ecclestone e incluso lo llevaron más allá, incorporando al calendario los circuitos urbanos de Yeda, Miami y, recientemente, Las Vegas.

Ocho circuitos urbanos en veintidós Grandes Premios. Y esto sin contar el de Hanói, programado para el 2020 como Gran Premio de Vietnam, pero suspendido indefinidamente tras la pandemia de la Covid-19. Y, a partir del 2026, el mítico Gran Premio de España pasará a disputarse en las calles de la capital, Madrid.

La profusión de circuitos urbanos está bien hasta cierto punto, ya que estos trazados ofrecen retos distintos a los permanentes: los muros están más cerca, se castigan más los errores, el estado del asfalto es siempre una incógnita... y un largo etcétera.

El problema de los circuitos urbanos modernos es que son poca cosa: muy simples, planos y repetitivos. Los promotores anteponen que la pista pase cerca de sitios chulos y no se preocupan tanto por el aspecto deportivo.

El de Miami, por ejemplo, rodea el Hard Rock Stadium. Ubicación chulísima, aunque el circuito es muy aburrido. El de Las Vegas atraviesa la avenida principal de la ciudad, con todos los casinos, neones y atracciones. Todo un espectáculo visual, pero un circuito muy flojo desde el punto de vista automovilístico. Y así unos cuantos.

En su momento pasó lo mismo con el de Valencia. El circuito urbano de la capital del Turia era precioso, una gozada para la vista: los coches atravesando un pequeño puente, casi rozando el mar Mediterráneo, rodeados de palmeras y banderas, con el puerto al fondo... Una pasada.

Pero, claro, te empeñas en que el circuito pase por ahí, y las calles son las que son. ¿Resultado? El circuito era un poco muermo. Salvo en el 2012, no dio ni un ápice de espectáculo. En el 2009 se registraron cero adelantamientos. Una procesión espectacular. Según la prensa, era o eso o pasar por la Ciutat de les Arts i les Ciències, pero el problema habría sido el mismo. Hay que buscar la mejor zona para un circuito, no las mejores vistas.

Al final, la lástima de todo esto es que se pierden circuitazos permanentes en favor de estos inventos. Mantener el circuito urbano de Miami mientras el de Sepang, en Malasia, sigue fuera... es terrible. Ese o el de Magny-Cours, o el de Fuji, entre muchos otros. Pero, a nivel de negocio, entiendo por qué a la Fórmula 1 (y a los países participantes) le interesa ir por esta senda.

Dejarte tanto dinero en una megaconstrucción como es un circuito permanente es cada vez más complicado. El gasto es inmenso, y el riesgo de que el proyecto no prospere es elevado. En el 2010 y el 2011, por ejemplo, la Fórmula 1 estrenó dos nuevos Grandes Premios en Corea y la India con sendos circuitos permanentes, el de Yeongam y el de Buddh respectivamente. Pero los dos fracasaron con estrépito. El de Corea duró cuatro ediciones; el de la India, tres. Estos circuitos sobreviven a base de torneos locales y alquilando la pista a gente deseosa de marcarse unos trompos con su coche. Ninguno tuvo un seguimiento destacable: son países sin tradición en la F1, y ni regalando entradas llenaban las gradas. Sencillamente, no despertaban interés. Y, claro, así no vas a lograr que nadie coja el coche o el transporte público y vaya a ver la Fórmula 1 en un terreno perdido de la mano de Dios, a kilómetros de casa. ¿Qué hace el Gran Circo ahora? Pues lo que todos los circos: instalarse en la ciudad. Si la gente no va al Gran Premio, el Gran Premio va a la gente.

Con un circuito desmontable ahorras muchos gastos y evitas debacles. Además, los ayuntamientos y los gobiernos regionales se implican a fondo, ya que promocionas directamente su ciudad y no un término municipal. De ahí que algunos Grandes Premios cambien de nombre para promocionar la ciudad y no tanto el país: el mítico Gran Premio de Brasil se llama desde hace unas temporadas Gran Premio de São Paulo; el de México, Gran Premio de la Ciudad de México. Y estamos a la espera de más cambios en el futuro.

Es curioso, porque la Fórmula 1 hace ahora lo mismo que la Fórmula E en sus primeras temporadas. Los responsables del mundial de monoplazas eléctricos eran conscientes de que no iban a llenar grandes circuitos con sus carreras experimentales, así que empezaron a montar carreras en ciudades, aunque los circuitos fueran un pelín flojillos. De esta manera captaban las miradas de sus ciudadanos, la mayoría de los cuales jamás irían a ver esas carreras en otra parte.

Lo peculiar es que, conforme la Fórmula E avanza y sus monoplazas son más potentes y duraderos, está abandonando poco a poco esos circuitos urbanos para disputarse en los circuitos permanentes de toda la vida. Y la

Fórmula 1, mientras tanto..., está haciendo lo contrario. La pela es la pela.

LOS LÍMITES DE LA PISTA

Todo deporte tiene su terreno de juego estrictamente delimitado: en el fútbol y el baloncesto, no puedes superar las líneas blancas; en el tenis, más o menos lo mismo. Y así podríamos estar un buen rato. El automovilismo no es ajeno a todo esto. Tiene muros, que evidentemente se recomienda no tocar. Pero antes de esos muros la pista tiene sus propios límites.

En los circuitos, el asfalto está delimitado por dos líneas blancas a ambos lados. Exceder dichos límites puede tener distintas consecuencias para el piloto, dependiendo de la sesión. Si un piloto se sale durante unos entrenamientos libres, no pasa nada; si lo hace en una vuelta de clasificación, la FIA le retira la vuelta; y si le ocurre varias veces durante una carrera, puede llevarse una sanción de cinco segundos que deberá cumplir en parada o bien se le restarán al final de la prueba.

La Federación vigila los límites de la pista mediante cámaras de seguridad. Es un poco extraño que a estas alturas no dispongan de sensores o de algo más avanzado para detectar cuándo un piloto se sale de pista, pero es lo que hay. Por si fuera poco, a veces el ángulo de la cámara engaña mucho, y es muy opinable que un piloto se haya salido o no del todo.

La norma dice que, para considerarse que un piloto ha excedido los límites, debe sacar completamente las cuatro ruedas de la pista. Si una parte de los neumáticos está tocando el asfalto, se estima que se encuentra dentro.

En ocasiones, cuando la FIA se pone a retirar vueltas y vueltas por infracciones relacionadas con los límites de la pista, la gente se cansa y critica el excesivo control. Yo, desde mi humilde punto de vista, estoy de acuerdo en que esto se haga. Al igual que un fuera de juego se anula por milímetros, aquí debe pasar lo mismo. A veces es absurdo, porque sabes que por mucho que el piloto se haya salido de la pista, no ha ganado tiempo. Pero el límite se ha de poner en algún sitio.

La normativa es tajante y los pilotos saben a lo que se enfrentan. Si te sales de la pista, te aguantas y aceptas las consecuencias. En eso, insisto, estoy de acuerdo. El problema es que la FIA pretende detectar cualquier infracción relacionada con los límites de pista, pero no tiene la capacidad para ello. En una sorprendente cantidad de carreras, el equipo de comisarios se ha visto sobrepasado por el número de infracciones.

Su sistema para medirlo es de lo más arcaico: mirar a simple vista. En el Gran Premio de Austria del 2023 hasta había comisarios de pista con prismáticos observando las salidas de las curvas. ¿Cómo va a ser eso fiable si los monoplazas pasan a toda castaña?

En el Gran Premio de Estados Unidos del 2023, reconocieron en un comunicado que muchas infracciones en la curva 5 se les habían escapado... porque sus cámaras de seguridad estaban enfocando a otro sitio. Hubo una especie de punto negro en la videovigilancia de la FIA, y los pilotos aprovecharon para saltarse la curva una y otra vez.

Se trata de un problema bastante actual. Es normal que la Federación tenga un sistema anticuado, porque antes esto no sucedía a gran escala como ahora. Las infracciones múltiples de los límites de la pista son consecuencia directa de los cambios en las escapatorias de los circuitos.

Las escapatorias son esenciales. Si alguien sufre un accidente y sale despedido hacia las protecciones, las escapatorias ayudan a que el coche disponga de unos metros extra para ir aminorando la velocidad antes de impactar contra el muro. También sirven en caso de error o pasada de frenada, permitiendo volver fácilmente a la pista, y como espacio seguro en el que dejar el coche si se sufre alguna avería.

Hace años, las escapatorias solían ser de césped y grava, y hacían un trabajo extraordinario: si un piloto se sale de la pista, las «trampas» de grava hunden el coche y logran frenarlo antes de que llegue al muro. Lo malo es que corres el riesgo de quedarte atrapado. Es lo que le pasó a Lewis Hamilton en el Gran Premio de China del 2007, lo que dio pie al famoso «¡*sanganchao* en la puzolana[1]!» de Gonzalo Serrano, en una de las mejores retransmisiones televisivas de la historia de España.

También es verdad que, dependiendo del ángulo con el que entres en la trampa de grava, puedes correr más peligro del que crees. Si entras de cara, frontalmente, no hay problema; pero si entras de lado..., cuidadín. Fernando Alonso entró en la puzolana de lado tras un aparatoso accidente en el Gran Premio de Australia del 2016, y el coche terminó dando vueltas de campana.

Lo mismo le pasó a Guanyu Zhou en el Gran Premio de Gran Bretaña del 2022. Entró de lado, volcó y dio un bote tan grande que saltó por encima de las barreras. Esto complicó mucho la extracción del piloto, aunque afortunadamente salió ileso.

Imagino que estas cosas son las que han hecho que la FIA haya ido eliminando progresivamente la grava de los circuitos. La solución fue asfaltar todas esas escapatorias, pero dudo mucho que esta sea la manera más oportuna de mejorar esos tramos.

Y, claro, ahí arrancó un enorme e insufrible problema con los límites de la pista. Si un piloto se ve rodeado por

1. Así se conocen popularmente en España las zonas de frenado.

escapatorias de césped o por muros, no apura tanto en las curvas. Pero si se ve rodeado por más asfalto, arriesga muchísimo más. A un piloto le das la mano y te coge el brazo, y eso fue lo que pasó. Conforme se iban reasfaltando las escapatorias, los pilotos empezaron a ir más por fuera que por dentro de la pista. Si batallaban con alguien en una curva, no dudaban en echarle por fuera, porque ahora con ese gesto ya no se causaban accidentes.

La FIA comenzó a desesperarse viendo que los pilotos dejaban de respetar la línea blanca. Y su solución fue aún peor: en lugar de recuperar las escapatorias originales, instalaron una especie de pianos muy elevados, los llamados *sausage kerbs*, es decir, pianos «salchicha».

Si alguien pasaba por encima de estos pianos, perdía temporalmente el control del coche, ya que este se elevaba tanto que las cuatro ruedas dejaban de estar en contacto con el asfalto. La Federación pensó que con estos pianos nadie se atrevería a salirse de la pista.

No podían estar más equivocados. Los pilotos siguieron haciendo lo que les venía en gana, y lo único que causaron esos pianos-salchicha fueron graves accidentes. En la Fórmula 3, el joven italiano Alex Peroni salió volando y sufrió un terrible golpe contra las barreras tras pasar por uno de esos pianos. En el Gran Premio de Macao, a la alemana Sophia Flörsch le pasó lo mismo: perdió el control y su coche se elevó para estamparse contra una torre de fotógrafos.

Coches volcados o que se suben unos encima de otros, pilotos con vértebras rotas, suspensiones destrozadas cuando el monoplaza cae de nuevo contra el asfalto... Una barbaridad. Todo menos volver a las escapatorias de antes.

Afortunadamente, desde el 2021 la FIA ha recogido cable y, poco a poco, ha ido retirando todos esos pianos-salchicha que tantos quebraderos de cabeza causan. En

En el 2019, los pianos provocaron este espectacular accidente de Alex Peroni en Monza.

algunos circuitos, la grava ha regresado y se ha resuelto el problema. Otros han mantenido las escapatorias de asfalto, pero sin ningún elemento *destroyer* en medio.

La FIA sigue teniendo el marrón de lidiar con estas infracciones. Terminada ya la farsa de los pianos-salchicha, lo único que les queda es vigilar y revisar los límites de la pista a simple vista, uno a uno, vuelta a vuelta. A finales del 2023 anunciaron el desarrollo de una inteligencia artificial que notificará todas las salidas de pista, pero imagino que tendremos que esperar para verla en acción.

CAPÍTULO 9

LOS GRANDES PREMIOS

Formar parte del calendario de la Fórmula 1 requiere una inversión millonaria, y, si incluimos el coste de la construcción del circuito, incluso multimillonaria. Ser la sede de uno de los Grandes Premios se considera algo muy exclusivo: pone tu ciudad y tu país en el foco mediático de cientos de millones de espectadores y deja un impacto económico inmenso. Esa semana, hoteles, restaurantes y mil y un negocios se llenan hasta la bandera, lo que significa que se crean un montón de empleos temporales y se ingresa una cantidad ingente de dinero.

Solo veinticuatro ciudades tienen ese honor año tras año. Albergar una carrera de Fórmula 1 te da caché. Por eso la FOM, más allá del gasto que implica mantener y gestionar el circuito, te pide aún más dinero. Para crear tu Gran Premio y formar parte del campeonato, debes pagarle una auténtica millonada a la organización. A esto se le llama *canon*. No es un precio fijo o algo así, ya que cada país alcanza un acuerdo distinto. Abu Dabi, por ejemplo, negocia también su condición de último Gran Premio del año. Esto, por supuesto, se paga aparte.

Si tenéis curiosidad, os dejo por aquí una aproximación de lo que desembolsan algunos de los circuitos del calendario por formar parte del Gran Circo. Los datos son de Dieter Rencken, periodista que actualmente es integrante de la FIA:

Evento	Circuito	Coste/canon
GP de Baréin	Baréin	45 000 000
GP de España	Barcelona-Catalunya	25 000 000
GP de Gran Bretaña	Silverstone	25 000 000
GP de los Países Bajos	Zandvoort	32 000 000
GP de Mónaco	Montecarlo	15 000 000*
GP de Catar	Lusail	55 000 000
GP de Abu Dabi	Yas Marina	40 000 000

* Muchas informaciones, a lo largo de los años, apuntaron que Mónaco no pagaba ningún canon a la Fórmula 1 por su «exclusividad». No obstante, el propio Alberto de Mónaco reconoció en una entrevista concedida en el 2017 que sí pagaban; es la cuota más reducida, pero pagar, pagan.

Estos ejemplos enseñan dos cosas: la primera, que los Grandes Premios históricos todavía resisten y no pagan las barbaridades que desembolsan otros promotores (de ahí, quizá, que año tras año peligre su continuidad en el calendario); y, la segunda, que la Fórmula 1 actual tiene un gran interés por los petrodólares, y no es de extrañar, porque países como Baréin, Abu Dabi, Catar o Arabia Saudí (no mencionada en la tabla) pagan prácticamente lo mismo que otros ocho eventos clásicos... juntos.

La única gran diferencia la encontramos en el Gran Premio de Las Vegas. Este evento es la gran apuesta de Liberty Media, su gran sueño desde que está al mando de la categoría. Dicen que no hay que esperar a que lleguen los sueños, sino que hay que ir a por ellos, y eso es lo que Liberty ha hecho.

En Las Vegas, el promotor es la propia Fórmula 1. Esta vez han sido ellos los que han pagado a una ciudad para que albergue la carrera. Es algo casi insólito en la historia de la categoría y una demostración de su firme apuesta por el mercado estadounidense.

Ahora bien, dudo mucho que algo así vuelva a suceder en otras ciudades. La FOM ha quemado un montón de dinero en ese proyecto, y no creo que sea muy rentable hacerlo en varios sitios al mismo tiempo en vez de mantener el sistema de siempre.

Lo de la rentabilidad también hay que comentarlo. Es casi imposible que un Gran Premio recupere su inversión a base de patrocinios, venta de entradas y estas movidas. El Gran Premio de España, por ejemplo, lleva siendo un éxito absoluto las temporadas 2022 y 2023, con todas las entradas vendidas ambos años. No obstante, en el 2022 registró cerca de dos millones y medio de euros en pérdidas.

Esas pérdidas son subsanadas, en gran parte, por las subvenciones públicas. El Circuit, de hecho, es propiedad de la Generalitat de Cataluña, la Federación Catalana de

Automovilismo y el Ayuntamiento de Montmeló. Seguro que os preguntaréis qué se gana subvencionando una infraestructura que año tras año sufre pérdidas. Pues un impacto económico espectacular que no queda registrado.

El Circuit de Barcelona-Catalunya estima que el impacto de su actividad en un año se eleva a unos 326 millones de euros, porque da trabajo a 2670 personas y genera un PIB de 181 millones. Hay gente (políticos incluidos) que piensa que el circuito solo funciona tres días al año, cuando desembarca la Fórmula 1. La realidad es que, según reflejan los datos del 2019, el Circuit estuvo ocupado 341 días por la celebración de competiciones y jornadas de test privados, así como por alquileres y mantenimiento.

Al pagar la millonada que pide la Fórmula 1 para albergar el Gran Premio de España, entre otros eventos, pierdes mucho dinero público. Pero luego lo recuperas con todos los visitantes que acuden a verlo. Pensadlo: los aficionados viajan a la ciudad, pillan un taxi, pagan un hotel, pasean y compran en las tiendas, comen en restaurantes, usan el transporte público para acudir al circuito, adquieren las entradas... Y eso cientos de miles de espectadores durante varios días. El Circuit cifra todo ese gasto por parte de los aficionados en 108 millones de euros, repartidos entre los centenares de empresas que se benefician del evento. Visto así, parece una inversión rentable.

Pero eso si se hace bien, claro. El Gran Premio que se disputó en el circuito urbano de Valencia es un ejemplo de signo contrario, ya que muestra lo que pasa si las cosas no se gestionan como toca. Allí la liaron instalando mal las gradas (lo que los obligó a indemnizar a muchos espectadores), regalaron entradas a tutiplén, los contratos con algunos proveedores se firmaron de aquella manera... Y así podríamos estar un buen rato.

En el Gobierno autonómico se fliparon tanto que hasta compraron los derechos para retransmitir la Fórmula 1...

en el Canal Nou. Gastaron una millonada, y, total, para que las carreras tuviesen la mitad de audiencia que la serie *L'Alqueria Blanca,* historia viva de la televisión de mi tierra.

Las pérdidas en el 2012, la última edición de este Gran Premio, fueron de 32 millones de euros. Lejísimos de los 2,5 del Circuit de Barcelona-Catalunya. La gestión fue más que discutible y el trazado valenciano sigue bien visible en el puerto deportivo de la ciudad. Tras más de diez años, las barreras del tercer sector todavía están ahí colocadas, por si os pica la curiosidad y queréis visitarlo.

La Fórmula 1 es un juguete tentador para muchos, pero sale muy caro. Solo con una brillante gestión logras rentabilizarlo. El Gran Premio de Singapur, por ejemplo, debutó al mismo tiempo que Valencia. También es un circuito urbano, pero ellos sí han sabido administrarlo como es debido y todavía forman parte del calendario.

Por tanto, que nadie os convenza de que albergar una carrera de este deporte es tirar el dinero. Es una oportunidad de *marketing* y de negocio casi única en el mundo. Solo que, como todas las oportunidades, hay que saber aprovecharlas.

CÓMO FUNCIONA UN GRAN PREMIO

Pero dejemos lo económico y centrémonos en lo estrictamente deportivo. Cada Gran Premio de Fórmula 1 dura un fin de semana entero: no es que lleguen los equipos, disputen la carrera y se vayan. Para nada. Los pilotos han de probar el monoplaza, buscar la configuración perfecta junto con su equipo, preparar la estrategia y, entonces sí, intentar clasificarse antes de que el domingo se celebre la carrera.

Los equipos llegan al circuito varios días antes de que arranque la acción en pista. Durante esos días, entre semana, reciben material procedente de otros circuitos, montan los boxes, el coche y los *hospitalities.* Estos últimos son los edificios desmontables que los equipos instalan en el *paddock*, donde «habitan» los pilotos mientras están en el recinto y donde comen los empleados; también es el lugar en el que se recibe a los invitados.

El jueves, con todo ya listo en el trazado, llega el día de los periodistas, que tienen la oportunidad de entrevistar a los pilotos y a sus jefes de equipo en grupo o individualmente, para la prensa o para las televisiones. Los equipos, mientras tanto, se reúnen y preparan la estrategia, inspeccionan las instalaciones y el circuito a pie en el famoso *track walk*, y mucho más.

Y el viernes ya arranca el mambo.

ENTRENAMIENTOS LIBRES

Los monoplazas salen por fin a la pista el viernes por la mañana con la primera sesión de entrenamientos libres, cuyo único objetivo es abrir la pista durante una hora para que los pilotos rueden y prueben el monoplaza. Sirve para que tanto el piloto como el equipo se familiaricen con la pista.

No se reparten puntos; los equipos son libres de hacer lo que les plazca. Por poder, pueden hasta quedarse en boxes y no salir a la pista. Evidentemente, nadie hace esto, a no ser que tenga un problema.

Hace un par de décadas, los entrenamientos libres no tenían tanta importancia. Los equipos, como os comenté antes, podían completar jornadas de test cuando quisieran, así que muchos llegaban a los libres con la faena hecha.

En esos años, la mayor parte de los equipos cedía una gran cantidad de entrenamientos libres a sus pilotos probadores. Algunos de ellos, además, podían sacar a pista un tercer coche si pertenecían a los peores equipos del Mundial de Constructores. Gracias a esto, en las temporadas 2005 y 2006, por ejemplo, vimos doce y catorce pilotos probadores, respectivamente, en multitud de sesiones de entrenamientos libres.

Ahora ya sabéis que eso es imposible: una vez que arranca la temporada, los coches solo pueden salir a la pista en las sesiones oficiales de los Grandes Premios. Es por ello por lo que los pilotos oficiales completan todas y cada una de las sesiones de entrenamientos libres, ya que no tienen muchas más oportunidades para probar el coche. El rol de piloto probador ha virado en el de *simulador*, así que ya no se les ve tanto en pista.

Lo normal es que se celebren tres sesiones de entrenamientos libres, todas ellas de una hora. Dos se disputan el viernes, una por la mañana y otra por la tarde; la última es el sábado por la mañana, antes de la clasificación.

Cada uno gasta esas tres horas como quiere, pero los equipos suelen hacer más o menos lo mismo cada fin de semana, así que os cuento.

En los primeros entrenamientos libres se hacen las primeras pruebas aerodinámicas. Cuando un equipo introduce mejoras, la primera sesión es aquella en la que las equipan y dan unas cuantas vueltas con cuidado para probarlas sin romperlas. Para recabar la mayor información posible y comprobar que las piezas funcionan, los coches pueden llegar a equipar *parafina* o *parrillas de sensores.*

La parafina es un líquido aceitoso que se aplica en los puntos concretos del coche que los equipos quieren analizar. Cuando el coche está en movimiento, la parafina deja marcada la dirección del flujo de aire en la zona en cuestión. Este elemento sirve muchísimo para comprobar si el aire está pasando por donde los diseñadores quieren que pase. Al llegar a boxes, los ingenieros sacan mil fotos antes de limpiarlo y analizan si el efecto es o no el deseado.

En cuanto a las parrillas de sensores, son estructuras de titanio que se instalan por todo el coche, especialmente en la parte delantera, para llevar un control preciso del flujo del aire. Como su nombre indica, están repletas de sensores que mandan información detallada al muro de boxes.

Como digo, esto solo se usa en los entrenamientos libres, sobre todo en la pretemporada. Rara vez lo veréis en otra sesión.

Cuando los pilotos terminan estas pruebas aerodinámicas, empiezan a apretar un poco más, aunque no del todo. En los Libres 1 nunca van a fuego, porque el agarre del asfalto suele ser bastante flojo. En algunos circuitos la pista está sucia por la falta de competición; en otros, especialmente en los urbanos, no hay nada de goma, debido a los trabajos de reasfaltado semanas antes del evento.

El agarre mejora conforme los monoplazas van compitiendo, ya que van llenando de goma la pista. De ahí que los tiempos mejoren mucho día tras día, conforme la pista se vuelve más «rápida». Por eso se habla de la «evolución de la pista» cuando de repente un piloto mejora muchísimo su tiempo.

Horas después llega la segunda sesión de entrenamientos libres. Es sin duda la más importante, aunque también la más aburrida a nivel televisivo. En esta sesión, también de una hora, los equipos concluyen sus pruebas aerodinámicas y empiezan a apretar de verdad. Tras los primeros veinticinco o treinta minutos, los pilotos suelen equipar un set de neumáticos blandos y llevan a cabo su primer *simulacro de clasificación*: hacen una vuelta a saco como si fuese la *quali*, con la potencia al máximo y poco combustible.

En general, la segunda sesión de entrenamientos libres se disputa a la misma hora que la clasificación del día siguiente, con unas condiciones climatológicas que serán muy parecidas. Por eso se toma como referencia válida de lo que puede pasar el sábado.

Esto se nota especialmente en los Grandes Premios nocturnos. En circuitos como los de Baréin, Singapur o Abu Dabi, la clasificación se disputa de noche, a diferencia de la primera y la tercera sesión de entrenamientos libres, que se celebran de día. Esos findes, los Libres 1 y 3 son superirrelevantes, ya que las temperaturas son muy distintas a las que habrá en la *quali*. Solo los Libres 2 te dejan una buena referencia de cara a la clasificación.

La carrera del domingo también arranca más o menos a la misma hora que los Libres 2 del viernes. Es por ello por lo que, una vez terminados los simulacros de clasificación, los equipos se disponen a probar su ritmo de carrera.

Esto se hace mediante las *tandas largas*: los equipos cargan los coches con mucho combustible y montan el neumático que más les interese con vistas a la carrera (generalmente, el medio o el duro), y los pilotos salen a pista con el objetivo de dar muchas vueltas consecutivas.

De esta forma logran ver cuál es el ritmo del monoplaza con el peso extra de la gasolina y cuánta degradación van acumulando los neumáticos vuelta tras vuelta. Estos datos sirven para preparar la estrategia del domingo, para ver cuánta goma han de ahorrar y cada cuánto deberían parar en boxes para cambiar las ruedas.

Estos datos no son definitivos, claro. Si de repente un Haas es el más rápido en ritmo de carrera, sabes que ahí hay algo que está fallando. A fin de cuentas, cada uno monta los kilos de combustible que más le convienen para sus análisis. Y eso ni los espectadores ni los periodistas lo conocemos.

A veces ha ocurrido que McLaren era el más rápido en ritmo de carrera el viernes y luego, el domingo, no se come un rosco. Puede que, simplemente, estuvieran probando con menos gasolina. Así que esos ritmos de carrera valen para hacerse una idea, pero no para sacar conclusiones.

Decía antes que a nivel televisivo es la sesión más aburrida porque, sencillamente, lo es. Pese a ser las más importantes de cara a la carrera, estas tandas largas hacen que la gente empiece a bostezar. Los grafismos de la retransmisión son bastante limitados y no te muestran el ritmo que está anotando cada uno. Solo comparan las vueltas de esas tandas con la vuelta más rápida de la sesión, y no tiene ningún sentido, ya que cargados de combustible los coches suelen rodar cinco segundos más lentos.

La información de las tandas la solemos recibir una vez terminada la sesión. Y ahí ya te frotas las manos pensando en lo que pueda pasar el fin de semana.

Al día siguiente, el sábado, se disputa la última sesión de entrenamientos libres. Suele ser la más floja, ya que los equipos tardan mucho en salir a la pista, pero al final dan bastantes vueltas con neumático blando preparando la clasificación, que se disputa unas horas después.

Eso sí, en los últimos minutos de esa sesión, los equipos andan con mucho cuidado, porque si sufren un accidente pueden quedarse fuera de la clasificación. Los Libres 3 terminan dos horas y media antes del arranque de la *quali*. Si por lo que sea no les da tiempo a reparar el coche, como ha pasado muchas veces, se quedan sin poder participar y, por tanto, están obligados a salir últimos en la carrera del domingo. Así que mejor no jugársela al final de la sesión.

Este es, más o menos, el *planning* de las tres sesiones de entrenamientos libres, aunque todo puede cambiar en función del contexto del Gran Premio. Si, por ejemplo, el pronóstico climatológico dice que el viernes por la tarde va a llover a cántaros, los equipos trabajan más en los Libres 1 de por la mañana, con el objetivo de cerrar el día habiendo recabado los datos necesarios para el resto del Gran Premio.

En fin, que los libres no son el mejor *show* televisivo que vais a ver en vuestras vidas, pero tampoco pretenden serlo: son sencillamente sesiones necesarias para poner a punto el coche y afilar los dientes de cara a la clasificación.

LA CLASIFICACIÓN

Este es el primer momento de la verdad. Después de tres horas de pruebas y rodaje continuo, los equipos ya no deben guardarse nada, sino darlo todo en la pista. Llega la sesión de clasificación.

En la *quali* (del inglés *qualifying*), los veinte pilotos del campeonato se baten sobre el asfalto para tratar de conseguir la mejor posición de salida en la carrera del domingo. Quien dé la vuelta más rápida se lleva la privilegiada *pole position*, en el primer puesto de la parrilla.

La clasificación se divide en tres rondas: la Q1, la Q2 y la Q3. La Q1 dura dieciocho minutos; la Q2, quince; y la Q3, doce. En cada ronda, los pilotos intentan anotar la mejor vuelta posible y, al final de cada una, los cinco más lentos son eliminados.

En la Q1 caen del décimo sexto al vigésimo; el resto pasa a la siguiente ronda.

En la Q2 caen del undécimo al décimo quinto; el resto pasa a la siguiente ronda.

Y en la Q3 solo los diez pilotos más rápidos luchan por la *pole*.

Se han vivido clasificaciones absolutamente bestiales. En el 2023, la opinión popular decía que fueron mejores las *qualis* que la mayoría de las carreras de esa temporada. Esto no debería pasar, pero es que una buena clasificación no tiene nada que envidiarle a una carrera. Es un auténtico espectáculo ver cómo los pilotos exprimen el coche al máximo y lo plasman en una sola vuelta.

Personalmente, me considero un apasionado de las clasificaciones en los circuitos más pequeños, porque ahí las diferencias son, claro, más pequeñas. Una vez, en el Red Bull Ring de Austria, al primer clasificado tan solo le separaron 48 milésimas del segundo.

Y, bueno, las clasificaciones de Mónaco siempre son una auténtica barbaridad. El sábado de Montecarlo es, de largo, uno de mis días favoritos del año: diferencias mínimas y monoplazas volando en un circuito estrechísimo y revirado, rozando e incluso tocando el muro en varias ocasiones. Tan solo 84 milésimas alejaron a Fernando Alonso de la *pole* en la última *quali* en el Principado.

Ah, y como explicaba en anteriores capítulos, hay circuitos en los que la *pole* tiene más valor que en otros. En Mónaco, como es prácticamente imposible adelantar, salir primero es casi una garantía de victoria. Pasa algo parecido, aunque en menor grado, en circuitos como Albert Park o Zandvoort.

Con los monoplazas modernos, para completar una vuelta de clasificación hay que completar todo un ritual. Nada más salir de boxes, el piloto debe calentar los neumáticos pero yendo lo más lento posible, sin gastar la batería y apartándose de los rivales que sí estén rodando a tope. Esta es la *out lap*, la vuelta de salida de boxes.

Una vez que llega a la línea de meta, el piloto se pone a gastar toda la energía posible y arranca su vuelta de clasificación.

Y al terminar, lo mismo: modo de ahorro de batería, a rodar lentísimo y a regresar poco a poco al *pit-lane* pendiente del tráfico. Esta es la *in lap*, la vuelta de entrada a boxes.

La gestión de la batería es esencial, porque la energía que despliega el motor eléctrico no dura toda la vuelta. El piloto debe gastarla en las zonas donde más tiempo pueda ganar, y, evidentemente, en la *out lap* y en la *in lap* tiene que recargarla a tope para asegurarse de que arranca la vuelta al máximo de energía.

La gestión del tráfico es también vital. Cuando los coches salen de boxes, los ingenieros de pista se convierten en auténticos *spotters*: clavan los ojos en el GPS del circuito y advierten a sus pilotos de los monoplazas que están dando su vuelta de clasificación. Si tu piloto está en la *out lap* y se le acerca otro que está en su vuelta de competición, debes avisarle lo antes posible para que se aparte sin molestar al rival.

Si es necesario, el piloto que no está en vuelta debe salirse de la pista para que el que viene por detrás tenga vía libre. Porque, si le molestas, puedes llevarte una sanción. Esta es una de las sanciones más comunes en la clasificación: el *impeding*. Si alguien se ve obligado a levantar el pie del acelerador, ya sea porque no te has apartado o porque lo has hecho mal, se considera que has bloqueado su intento de vuelta. Le has boicoteado la clasificación. Y como has perjudicado a otro, la FIA te perjudica a ti.

Estas infracciones se suelen saldar con una penalización de tres puestos en parrilla. Es decir, si terminas la clasificación en undécima posición, la FIA te suma otros tres puestos y el domingo saldrás décimo cuarto.

La sanción por *impeding* se suele aplicar independientemente del contexto. Los pilotos sancionados a menudo alegan que no es culpa suya porque su ingeniero de pista no les avisó de que se acercaba otro por detrás, y puede que sea cierto. Pero, ya sea culpa del piloto o de la escudería, pagan justos por pecadores. Si molestas a alguien, sea por el motivo que sea, castigado.

En la clasificación, tal y como vimos en el capítulo de los circuitos, se penaliza duramente salirse de los límites de la pista. Si un piloto, en cualquier punto del circuito y por cualquier circunstancia, excede la línea blanca con las cuatro ruedas, se queda sin tiempo. Se le retira la vuelta en la que ha cometido la infracción, así que se ve obligado a puntuar en otra. A veces, un piloto excede los límites en todas las vueltas y termina la clasificación sin un solo registro válido.

Lo más importante es «asegurar» un tiempo lo antes posible, porque en la *quali* puede pasar de todo. La gente arriesga, no se guarda nada, y en ocasiones termina dándose contra el muro. Cuando esto sucede, automáticamente ondea la bandera roja. En algunas sesiones, la Q1, la Q2 o incluso la Q3 terminan antes de tiempo debido a un accidente. A veces la bandera roja ondea a un minuto y medio del final, y, claro, no da tiempo a relanzar la sesión y a que la gente dé otra vuelta.

En esas situaciones, la clasificación termina con la tabla de tiempos en el momento del accidente. Y, claro, si no habías anotado un buen tiempo, te tienes que aguantar. Por eso es vital clavar un buen tiempo lo antes posible, por lo que pueda pasar en los últimos minutos de la sesión.

Todo esto en lo que respecta a las clasificaciones normales. Pero luego están las clasificaciones en mojado, que son de todo menos normales. Cuando llueve, la *quali* se vuelve totalmente loca. No hay nada que me guste más en esta vida que una clasificación bajo la lluvia. Casi prefiero que llueva el sábado y no el domingo, en carrera.

En ocasiones, la lluvia llega durante la propia sesión y pone patas arriba el circuito. Si el pronóstico es que haya precipitaciones al final de la Q1, por poner un ejemplo, todos los pilotos salen a la pista en tromba e intentan dar el mayor número de vueltas posible. Porque, claro, si dan una vuelta cuando ya está lloviendo, irán más lentos y no batirán los tiempos que registraron cuando la pista estaba seca.

En el 2022 tuvimos una clasificación así en Brasil. Fue descomunal. En la Q3, los pilotos salieron corriendo del *pit-lane* porque el pronóstico alertaba de lluvia inminente.

Los dos primeros que cruzaron la línea de meta se encontraron la pista medianamente seca, mientras que los demás se toparon con la lluvia y no pudieron mejorar el tiempo. ¿Sabéis quién hizo la *pole*? Kevin Magnussen con un Haas. La Fórmula 1 puede ser maravillosa.

Lo más chulo es cuando se pasa toda la clasificación lloviendo. Los pilotos salen a la pista enseguida, cargan el coche con bastante combustible y no paran de anotar vueltas consecutivas, una detrás de otra. La razón es que los veinte monoplazas de la parrilla van evacuando a su paso el agua de la pista con sus neumáticos de lluvia. Y, claro, conforme se suceden las vueltas, la gente no para de mejorar sus tiempos, ya que los coches van quemando gasolina y la pista se encuentra más dócil.

En clasificaciones así, «gana» el que cruza más tarde la línea de meta, el que se encuentra la pista en mejor estado que nadie. Esta circunstancia nos ha dejado sorprendentes resultados a lo largo de los años: equipos top hundidos en la clasificación, equipos humildes sorprendiendo en lo alto. Bajo la lluvia todo puede pasar. En otros deportes no tiene tanto peso como en la Fórmula 1, donde es el toque que todo lo cambia.

Una vez terminada la clasificación, sea en seco o en mojado, los monoplazas entran en el *parque cerrado*, o *parc fermé*. Esto quiere decir que los equipos ya no pueden modificar la configuración del monoplaza. Tal y como terminan la *quali* es tal y como empezarán la carrera el domingo.

Ahora bien, si el coche acaba reventado tras un accidente, su equipo tiene permitido repararlo. Además se pueden introducir ligerísimos cambios en la suspensión del monoplaza, los frenos, el volante..., especialmente si alegas que lo pretendes hacer por motivos de seguridad. En cualquier caso, la FIA debe aprobar todas y cada una de esas modificaciones bajo una estricta supervisión.

Si un equipo considera que necesita quebrantar el parque cerrado y cambiar «radicalmente» el monoplaza para la carrera, lo puede hacer. Otras veces, la configuración del coche no les convence en la clasificación y estiman que deben introducir modificaciones para salvar la carrera del domingo.

Sin embargo, si lo hacen, reciben una sanción y se ven obligados a salir desde el *pit-lane*. Esto es peor que salir del último puesto de la parrilla, ya que el piloto se debe situar en la línea de salida del *pit-lane* y esperar a que todos los monoplazas hayan pasado para empezar la carrera. Al encarar la curva 1, se queda varios segundos rezagado con respecto al pelotón.

Es ponerse la carrera en contra, pero hay equipos que prefieren cumplir la sanción y ver qué pueden hacer con un coche mejor que sufrir todo el domingo con un *setup* que no les termina de convencer. Esto lo suelen hacer los equipos que no tienen nada que perder. Si por un mal coche te has clasificado décimo octavo, ¿qué te importa salir del *pit-lane* si al menos lo haces con un coche renovado?

DIFERENCIAS CON EL FORMATO F1 SPRINT

Antes de centrarnos en lo más importante, que es la carrera, cabe destacar que no todos los Grandes Premios son iguales. Desde la temporada 2021, Liberty Media anda experimentando con un formato distinto que está dando bastante que hablar.

Los nuevos jefes pensaron que el formato actual de Gran Premio está anticuado, que no hacen falta tantas sesiones de entrenamientos libres y que hay que darle un toque picante y refrescante. Así fue como nació la F1 Sprint. Este nuevo formato prescinde de una sesión de entrenamientos libres y añade una minicarrera de cien kilómetros.

En el 2021, la clasificación de toda la vida pasó a celebrarse el viernes por la tarde; el sábado arrancaba la minicarrera, con la parrilla ordenada de acuerdo con el resultado de la *quali*. El resultado de esa carrera *sprint* pasaría a definir la parrilla de la carrera grande del domingo.

El objetivo detrás de este formato era fomentar el espectáculo. En Liberty pensaron que una minicarrera cambiaría radicalmente el fin de semana, porque los grandes tendrían miedo de cometer errores, mientras que los pequeños lo darían todo para mejorar su posición de salida.

Esta minicarrera duraría doscientos kilómetros menos y los pilotos no estarían obligados a parar en boxes. Imaginaron que los pilotos irían más a saco al no tener que ir ahorrando gomas ni combustible durante la prueba. Preferían esto a una tercera sesión de entrenamientos libres, así que decidieron ponerlo a prueba en tres Grandes Premios.

El resultado no fue el esperado. Ningún piloto de la parrilla quería arriesgar en esa minicarrera, ya que cualquier error podía hacer que perdieran muchas posiciones en la parrilla del domingo. Y, ya sabéis, si los pilotos no arriesgan, no adelantan; y si no adelantan, lo que veremos será una procesión de media hora. Para eso ya tienes los entrenamientos libres.

La Fórmula 1 se puso la medalla, presumiendo de que los fines de semana con F1 Sprint habían registrado más audiencia televisiva que los Grandes Premios tradicionales, pero esto tiene un poco de trampa. Si la audiencia total fue mayor es porque el viernes se disputaba la sesión de clasificación. Y, evidentemente, una *quali* siempre va a tener más audiencia que unos entrenamientos libres. El sábado y el domingo, la audiencia era prácticamente la misma. Y lo venden como un exitazo. Si quieren, que metan la carrera un jueves, y ya verán como ese día también crece la audiencia.

Sin embargo, no había nada de qué presumir. Prueba de que la F1 Sprint es un fracaso es que en tres años no han sabido qué hacer con ella. En cada temporada han intentado cosas distintas, pero ninguna ha contentado ni a los aficionados ni, especialmente, a los equipos y los pilotos.

En el 2022 decidieron que la F1 Sprint debía repartir más puntos. El primer año solo puntuaban los tres primeros; algo sin mucho sentido, dicho sea de paso, ya que les das más puntos a los de siempre, pero bueno. A partir de la siguiente temporada, puntuaban los ocho primeros, con ocho puntos para el ganador de la prueba. Pensaron que así la gente arriesgaría más. De nuevo se equivocaban.

En el 2023 siguieron pensando y llegaron a la conclusión de que, si los pilotos no se la jugaban tanto en la F1 Sprint, era por miedo a perder posiciones de cara a la parrilla del domingo. Por tanto, lo mejor sería que esta minicarrera dejara de servir como clasificación. A partir de ese año, el formato *sprint* suprimiría otra sesión de entrenamientos libres y quedaría de esta manera:

Formato F1 Sprint (2023)		
Día	Sesión	Notas
Viernes	Entrenamientos libres	Únicos entrenamientos libres del fin de semana
Viernes	Clasificación	Define la parrilla del domingo
Sábado	Miniclasificación	Define la parrilla de la *sprint*
Sábado	Carrera *sprint*	
Domingo	Carrera	

El viernes, la clasificación definiría el orden de la parrilla de la carrera del domingo. El concepto *sprint* pasaría a ocupar el sábado, que se convertiría en un día aparte. Un minievento dentro del evento. La mañana del sábado se disputaría la *miniclasificación*: lo mismo que la Q1-Q2-Q3 del viernes, pero más corto. Esa mini-*quali*, como me gusta llamarla, determinaría la parrilla de salida de la *sprint*. Y esa misma tarde se celebraría la minicarrera.

Con este formato, la *sprint* dejaba de interferir en la carrera del domingo, como muchos deseaban. *Spoiler*: tampoco funcionó. Con este cambio, las carreras *sprint* dejaron de tener sentido. El objetivo era que sumaran picante al fin de semana, pero si ya no sirven para la carrera del domingo, entonces, ¿para qué sirven?

En las minicarreras de antes, a un Alfa Romeo le valía la pena arriesgar porque podía mejorar su posición de salida el domingo. Pero con las del 2023 no conseguía absolutamente nada. Si terminaba la mini-*quali* en décimo octava posición, de nada le servía luchar por la décimo cuarta en la *sprint*: ni puntuaba ni mejoraba su posición para el domingo. Por tanto, ¿para qué apretar los dientes y arriesgarte a sufrir un accidente si no vas a sacar nada de provecho?

Y, claro, si los humildes pierden el interés y los de siempre siguen estando en lo alto, ya ves tú qué carrera loca. Guau. Fijaos en su éxito que, por cuarto año consecutivo, la FIA y Liberty volvieron a preparar cambios con vistas al 2024. A escasos días de que este libro se imprimiera, los equipos pactaron darle otra vuelta de tuerca al formato: ahora, la mini-*quali* y la minicarrera tendrán lugar antes de la clasificación tradicional, que volverá a disputarse el sábado por la tarde. Y, al paso que van, no será el cambio definitivo.

Creo que no hay mejor prueba de que el formato es un fracaso. En tres años no han dejado de cambiar cosas para forzar el espectáculo. Y si, aun así, esto de las *sprints* no le interesa a nadie, quizá es porque, sencillamente, la base del concepto está equivocada. No por reducir una carrera a media hora va a ser más intensa. Nunca una *sprint* ha sido mejor que la carrera buena del domingo.

Este apartado del libro me está quedando muy de *hater*, o quizá de purista, pero es que este formato me supera. No puedo con él. Acepto los experimentos y las ganas de mejorar el campeonato, pero esta no es la manera. Si el campeonato resulta interesante, no hace falta probar otros formatos para que sea más entretenido: ya lo será por su cuenta.

La mejor prueba es la temporada 2021: fue uno de los mejores años de la Fórmula 1 en toda la historia y el formato fue el de toda la vida. Nadie recuerda las *sprints* de ese año, porque no aportaron ni mejoraron nada.

El problema es que hay mucho seguidor y mucho periodista a los que les puede el drama. Cuando una carrera es entretenida, todo va bien: el campeonato es una maravilla y el deporte es el mejor del mundo. Pero cuando una carrera es aburrida, culpan al formato y piden cambios drásticos, a la vez que salen artículos en los que se preguntan «cuál es el problema de la Fórmula 1» o «por qué la F1 nunca debería volver a competir en este circuito», por ejemplo.

En mi vida he visto un deporte tan dramático, que se plantee cambiar sus cimientos a la mínima que hay dos eventos aburridos. Mira que he seguido jornadas de fútbol aburridas como ellas solas, y tras dos partidos con empate a cero nadie ha puesto el grito en el cielo y ha propuesto cambios drásticos. ¡Que solo jueguen una parte, así irán todos a tope y será más intenso! ¡Beneficiemos a los equipos humildes, que comiencen ganando 0-2! La parte del calentamiento es un tostón, ¡que repartan puntos en la pachanga que juegan media hora antes del inicio del partido!

¿Verdad que suena absurdo? Pues la F1 Sprint no es más que eso: intentar maquillar un campeonato que, si no funciona, no funcionará por mucho que le metas estos inventos. Comparto totalmente las palabras de Max Verstappen: «Las *sprints* no me emocionan. Creo que solo necesitamos una clasificación por fin de semana, donde ya lo das todo y lo pasas genial. En la mini-*quali* quedas primero y..., uf. Ahora hemos hecho la *sprint* y todos saben más o menos lo que sucederá mañana, y las diferencias entre los coches. Quita un poco de emoción».

Quizá os guste la minicarrera, pero, como podéis observar, a mí me horroriza un poco. Puede que sea un carca, pero pienso que solo debe haber una carrera por Gran Premio. Y creo que no soy el único. Mis argumentos los refuerza Max Verstappen, piloto que se vio beneficiado por este mismo formato para ganar su campeonato del 2023. Si ni a él le gusta, imaginaos al resto.

LA CARRERA

Y es que no hay nada mejor que un domingo de carreras. Es un regalo divino, la salvación: el motivo por el cual me interesa que sigan pasando los días de una semana aburrida. Puedes estar hundidísimo, pero pensar que «bueno, al menos este finde hay carrera» siempre te da ánimos. Empezar una semana de Gran Premio ya te da un plus de energía que a lo mejor no encuentras de otra manera.

Eso se nota, especialmente, cuando hay que madrugar. Toda la vida me ha costado mucho despertarme un miércoles a una hora normal, véase a las siete y media de la mañana; en cambio, si el domingo toca estar de pie a las tres, me levanto en cuestión de segundos. A la hora que toque, sea el circuito que sea.

Una buena carrera de Fórmula 1 supera cualquier evento deportivo que me pongas por delante. Es una hora y media de un espectáculo supremo en el que estás pendiente de todo y de todos: maniobras al límite, defensas agresivas, *masterclass* de estrategia, impredecibilidad (de repente todo puede cambiar si se pone a llover o sale el coche de seguridad)... Un no parar.

Arranca de la mejor manera posible, con la salida. Los veinte pilotos se sitúan en la parrilla y aceleran al mismo tiempo, peleando por ganar unas posiciones que pueden ser vitales. Hay salidas muy estrechas, como las de Mónaco, Monza o Albert Park, en las que abundan los accidentes; hay otras mucho más anchas en las que los pilotos pueden probar trazadas distintas, como las de Spa-Francorchamps, el Circuito de las Américas o Suzuka.

En la parrilla, los monoplazas deben situarse en su *cajón*, delimitado por unas líneas blancas pintadas en la recta de meta. El cajón incluye una pequeña línea amarilla que sirve como referencia para saber dónde deben ir las ruedas delanteras. Los pilotos deben tener cuidado: si por lo que sea se adelantan más de lo que toca, esa zona está plagada de sensores que lo detectan, así que se juegan una sanción.

Esos sensores también delatan al piloto que se salta la salida. Cuando los veinte pilotos ya están preparados en la parrilla, se van encendiendo las cinco luces del semáforo. Después de un tiempo aleatorio, las cinco luces se apagan, dando comienzo a la carrera. Evidentemente, al igual que en cualquier otra carrera, está terminantemente prohibido salir antes de la señal. Y, lo dicho, esos sensores saltan a la mínima que un piloto reacciona antes de que se apague el semáforo. Si lo haces, sancionado.

Algunos pilotos que sufren a la hora de adelantar deciden arriesgar en las salidas para ganar el mayor número de puestos posible cuanto antes. Otros prefieren ser más precavidos y conservar la posición. Esto quizá sea lo más inteligente, porque como una vez dijo un sabio: las carreras no se pueden ganar en la curva 1, pero sí perder.

Una vez pasadas las primeras vueltas, que son una locura, con posiciones ganadas o perdidas, empieza realmente la carrera: es ahí donde los pilotos deben bajar pulsaciones y pensar con sus equipos qué es lo que deben hacer. Arranca la estrategia.

A partir de la tercera vuelta se puede utilizar el DRS, que ya sabéis cómo funciona. Si pasas por una *zona de detección* a menos de un segundo de distancia del piloto de delante, podrás abrir el alerón trasero en las *zonas de activación*. Esto aumenta mucho las posibilidades de adelantar.

Esta es la razón por la que los líderes de la carrera siempre arrancan el Gran Premio con un ritmo endiablado. No quieren tener a un piloto detrás tocando las narices con su ventaja del DRS. Por eso sacan todo el ritmo que pueden en las dos primeras vueltas e intentan dejar al segundo clasificado a más de un segundo de distancia antes de llegar a la vuelta 3.

Por detrás, no obstante, sí que se suelen montar bastantes *trenecitos de DRS*. Este fenómeno se produce cuando varios pilotos se persiguen muy de cerca y, por tanto, tienen todos el DRS abierto. Por mucho que abras tu DRS, si el de delante lo puede abrir también, tu ventaja a la hora de adelantar se desvanece. En consecuencia, ahí se quedan muchos, estancados y en fila india sin poder mover ficha.

Normalmente, estos trenecitos los forma para poder defenderse un piloto lento pero con buena velocidad punta. El pelotón lo atrapa, pero, cuando llega una recta, el de detrás no logra adelantarle ni siquiera con el DRS abierto. Si estos dos se quedan así, sin intercambiar su posición, el resto de los pilotos se estancan y empiezan a perder muchísimo tiempo.

Verte atrapado en uno de estos trenecitos puede costarte la carrera. Estás gastando neumáticos y energía para, total, no poder adelantar e ir perdiendo segundos con los de delante. En esos momentos, las radios de los equipos empiezan a echar humo y algunos se replantean la estrategia. Los pilotos afectados por el trenecito suelen anticipar la parada en boxes para quitarse de encima toda esa retahíla de monoplazas, rodar con aire limpio y lograr adelantarlos estratégicamente. Ahora hablaremos de ello, pero eso sería un *undercut* de manual.

LA CARRERA: PARADAS EN BOXES

Como ya sabéis, conforme se suceden las vueltas, el estado de los neumáticos va empeorando. La goma se degrada, el agarre es menor, el coche se desliza más y, por tanto, no puedes anotar la misma velocidad que en la primera parte de ese *stint*. Cuando el neumático ya te está haciendo perder demasiado tiempo, es momento de parar en boxes.

En condiciones de seco, los equipos deben hacer una parada como mínimo en boxes. Tienen la obligación de utilizar dos compuestos distintos: blando-medio, blando-duro o medio-duro. Móntatelo como quieras, pero durante la carrera tienes que usar como poco dos tipos de rueda. A partir de ahí, los equipos pueden parar en boxes todas las veces que lo estimen oportuno.

Por poder, pueden hacer dos o incluso tres paradas por piloto. Depende del ritmo que quieran marcar. Según el tipo de circuito, parando en boxes se pierde más o menos tiempo. Pongamos que, de media, con una parada pierdes veintidós segundos, entre que entras al *pit-lane*, cambias las ruedas y sales de nuevo a la pista.

Si haces una sola parada y el resto dos, ganas esos veintidós segundos que el resto pierde haciendo la segunda; pero, claro, tienes que cuidar mucho más tus neumáticos, mientras que el resto puede ir más rápido, así que es posible que al final te recorten el tiempo que habías ganado.

Si haces dos paradas, lo dicho, pierdes veintidós segundos pasando de nuevo por boxes, pero puedes apretar mucho más con tus nuevos neumáticos para dar caza a los de delante.

Y lo mismo si vas sumando paradas a cascoporro: podrás ir aún más rápido sin preocuparte lo más mínimo por el desgaste de las ruedas, pero irás perdiendo más y más segundos con respecto a los demás y quizá no te dé para recuperarlos por muy rápido que vayas. No es para nada habitual ver tres paradas en boxes por carrera.

Lo más frecuente en las carreras de estos últimos años es que los equipos opten por la estrategia a una parada. Las escuderías (dependiendo, eso sí, del circuito) no se ven capaces de recuperar el tiempo que pierden haciendo otra parada. Por eso prefieren hacer una sola y cuidar los neumáticos desde el principio. Algo que, para el espectáculo, es un pelín aburrido. Pero ellos lo que quieren es ganar.

Las paradas en boxes, por cierto, son una auténtica obra de arte. Los equipos son capaces de cambiar las cuatro ruedas del coche en menos de dos segundos. El récord lo ostenta McLaren, que en el Gran Premio de Catar del 2023 le cambió las gomas a Lando Norris en 1,8 segundos. Absolutamente demencial.

Antaño, las paradas en boxes eran más lentas porque los monoplazas podían repostar combustible. Esta práctica está prohibida desde la temporada 2010, ya que se considera que no da espectáculo a la carrera y que se corren riesgos innecesarios. La de incendios que ha habido en boxes debido a fugas de gasolina.

Completar esa operación milimétrica en tiempo récord ocupa a veintidós miembros del equipo. Sí, veintidós personas para cambiar cuatro ruedas. Pero solo así se logra hacerlo tan rápido.

Ante cada rueda se sitúan tres mecánicos: el primero, con la pistola, se encarga de sacar la tuerca y volver a colocarla; el segundo, de sacar la rueda usada; y el tercero, de colocar la rueda nueva. Esto ya son doce mecánicos.

Otros dos levantan el monoplaza por delante y por detrás con sendos gatos. Y por si acaso estos fallan o hay que hacer una parada doble, hay otros dos preparados. Ya son dieciséis.

Otros dos se colocan a ambos lados del coche para estabilizarlo y limpiar lo que haga falta (hasta la visera del piloto, si es necesario). Ya son dieciocho.

Si os acordáis de lo que dije hace bastantes páginas, sabréis que en las paradas en boxes se puede ajustar un poco el ángulo de los alerones, a gusto del piloto. Esto lo llevan a cabo otros dos mecánicos. Ya son veinte.

Y, finalmente, otros dos vigilan el tráfico del *pit-lane* y dan la orden de salida al piloto activando la luz verde de un pequeño semáforo.

Ahí tenéis a los veintidós implicados. Pueden ser menos dependiendo del equipo, pero generalmente es así como funciona.

También puede intervenir más gente en caso de que haya que cambiar el morro, lo cual es una faena porque mientras tanto los que se ocupan del gato delantero no pueden levantar el coche para que los demás cambien las ruedas. Ergo los mecánicos deben levantarlo un poco a pulso, con ayuda en los lados y en la parte trasera.

Salir «mal» de tu parada en boxes también te puede costar una sanción, ojo. El equipo debe asegurarse de que salgas sin tráfico, porque si sales y otro piloto que vaya por el *pit-lane* se ve obligado a levantar el pie, se considera que has salido de boxes de forma insegura: has cometido el llamado *unsafe release*. Esto, si lo haces en los entrenamientos libres o en la clasificación, no tiene grandes consecuencias. En cambio, si lo haces en carrera, sanción de cinco segundos al canto.

LA CARRERA: *SAFETY CAR* Y BANDERA ROJA

El Gran Premio puede sufrir un gran revés en caso de incidencia. Si se produce un accidente o se da una situación de peligro, la FIA puede neutralizar la carrera mediante el coche de seguridad o directamente con la bandera roja. Esto sirve para indicar a los pilotos que deben levantar el pie con el fin de evitar que el problema pase a mayores.

En una carrera puede pasar de todo: un accidente de un solo piloto, un accidente que involucre a varios, un choque que deje piezas punzantes o aceite sobre la pista... En esas situaciones, una parte del circuito puede volverse demasiado peligrosa para las velocidades que se alcanzan.

Para limpiar la pista de esas piezas, del aceite o, directamente, de los monoplazas que se hayan quedado detenidos, la Federación puede lanzar el coche de seguridad, que reagrupa a todo el pelotón y lo ralentiza, permitiendo así que los comisarios de pista realicen los trabajos necesarios para restablecer la normalidad.

Cuando sale el coche de seguridad, los pilotos tienen prohibido adelantarse o llevar a cabo cualquier maniobra peligrosa. Las vueltas de la carrera van sucediéndose, y cuando los comisarios consideran que el trabajo está hecho, el *safety car* (SC) apaga las luces, se mete en el *pit-lane* y permite que se relance la carrera. Ahí se produce la *resalida*.

Una vez que desaparece el coche de seguridad, el líder de la carrera controla el ritmo. Todos acelerarán de nuevo cuando él quiera, y siempre se intenta jugar con el factor sorpresa para pillar desprevenidos a los rivales. Así logra escaparse con más facilidad.

Desde hace unos cuantos años también existe el **coche de seguridad virtual**, o *virtual safety car* (VSC). Este método también ralentiza la carrera, pero sin sacar un coche a la pista. En el momento en el que sale el VSC, aparece en el volante de todos los pilotos una información que marca el ritmo que deben anotar: el tiempo *delta*. Si logran respetarlo, todo bien; si no, el sistema lo detecta y la FIA los investiga por haber ignorado el tiempo máximo permitido.

El VSC se suele lanzar cuando hay un incidente menor que requiere un período de «limpieza» breve, véanse unas pequeñas piezas en pista o un coche detenido muy cerca de una escapatoria. Así no hace falta sacar el coche de seguridad a la pista y arrancar ese protocolo eterno para algo que, total, te va a costar un minuto apañar.

En casos más graves, la FIA puede detener la carrera por completo sacando la bandera roja. Si un accidente ha sido muy fuerte y se teme por la seguridad de un piloto o de varios, o bien los daños requieren mucho tiempo para limpiarlos, la Federación detiene la carrera y mete a todos los coches en el *pit-lane*.

Hasta hace unos años, la bandera roja solo se sacaba en situaciones extremas: carreras en las que de repente caía una lluvia torrencial o se producían accidentes gravísimos que dejaban la pista destrozada. Pero la antigua dirección de carrera se resistía mucho a sacarla. A veces, aunque hubiera ocurrido un accidente terrible en la pista, la FIA mantenía el coche de seguridad y luego relanzaba la carrera como si nada.

Recordaré toda mi vida el accidente de Robert Kubica en el Gran Premio de Canadá del 2007, quizá el más grave que viví en mi infancia. El polaco se fue contra las protecciones en uno de los puntos más delicados del circuito, y su coche acabó destrozado. El impacto fue fortísimo, el coche volcó y los pies del piloto quedaron al descubierto. Tuvieron que entrar en pista varias ambulancias, el coche médico y mucho más. Aun así, no hubo bandera roja.

Esto cambió a partir del 2019 con la gestión de Michael Masi como director de carrera (puesto que ocupó hasta el

2021). Amado u odiado, hay que reconocer que en esto su labor fue acertada. Masi veía la bandera roja como una oportunidad para potenciar la seguridad y el entretenimiento a partes iguales.

El australiano sacaba la bandera roja ante algunos incidentes que quizá no la necesitaban, pero así consiguió mantener e incluso incrementar el nivel de seguridad mientras evitaba que se perdiese tiempo de carrera. El Gran Premio se detenía indefinidamente, pero no se daban vueltas a lo tonto detrás del coche de seguridad.

En carreras como el Gran Premio de Japón del 2007, que sufrió una lluvia torrencial, las primeras 20 vueltas de 67 se disputaron detrás del coche de seguridad. Hoy en día, la salida se pospondría indefinidamente, lo que nunca es bueno, pero así te aseguras de que más tarde se podrá rodar lo máximo posible.

El cambio de tendencia fue evidente: en tan solo dos años, entre el 2020 y el 2021, Masi sacó once banderas rojas, el mismo número que entre... el 2011 y el 2019. Masi fue cesado tras el polémico Gran Premio de Abu Dabi del 2021, pero el uso que él instauró de las banderas rojas perdura a manos de otros. En el 2023 hubo seis.

Si el Gran Premio se relanza tras un período de bandera roja, la dirección de carrera puede ordenar que la resalida sea en movimiento, como con el coche de seguridad, o que se realice en parado, como en la salida original. En este último caso, los pilotos dan una pequeña vuelta de formación detrás del coche de seguridad y hacen lo mismo que al principio: se sitúan en sus correspondientes cajones de la parrilla a la espera de que se apague el semáforo y vuelva la magia.

No obstante, si la carrera no se puede relanzar tras una bandera roja, el Gran Premio termina abruptamente y el reparto de puntos puede ser distinto. Hace poco, la FIA actualizó el reglamento: si una carrera dura menos del 75 o el 50 % del tiempo previsto, el reparto de puntos es diferente al habitual.

Esto mejoró tras el terrible Gran Premio de Bélgica del 2021. La carrera duró tres vueltas con coche de seguridad y se suspendió definitivamente por las condiciones de lluvia extrema. No se compitió. Aun así, se repartieron la mitad de los puntos. Hubo hasta ceremonia del podio y todo. Llego a estar en las gradas viendo esto, empapado de la cabeza a los pies, y no me hago responsable de mis actos.

Esto no tenía ningún sentido, así que el reglamento establece ahora el siguiente reparto de puntos:

Posición	Carrera <25 %	Carrera <50 %	Carrera <75 %	Carrera > 75 %
1.º	6	13	19	25
2.º	4	10	14	18
3.º	3	8	12	15
4.º	2	6	10	12
5.º	1	5	8	10
6.º		4	6	8
7.º		3	4	6
8.º		2	3	4
9.º		1	2	2
10.º			1	1

Una vez superado el 75 % de las vueltas previstas, el reparto de puntos es el de siempre para los diez primeros clasificados. Pero, como veis, si una carrera se ve muy alterada por la lluvia o por el motivo que sea, el reparto es más justo. Un piloto que gane una carrera que solo ha durado cinco vueltas, menos del 25 % previsto, sacará seis puntos. Algo con más sentido común, vaya.

LA CARRERA: LA ESTRATEGIA

Durante los períodos en los que se rueda detrás del coche de seguridad, o cuando hay bandera roja, los equipos no piensan en otra cosa que en su estrategia. Cuando sale el *safety car*, real o virtual, muchos pilotos aprovechan para adelantar la parada en boxes. Ya sabéis que, en condiciones normales, un piloto pierde unos veintidós segundos haciendo una parada mientras los demás siguen en pista. Pues bueno, como cuando hay SC o VSC los pilotos van obligatoriamente más lentos, si en ese momento paras en boxes, pierdes menos tiempo frente a los demás. Unos doce segundos de media.

La ganancia que supone parar bajo SC es tan grande que muchas estrategias se basan en eso... sin saber si saldrá o no el coche de seguridad. Algunos equipos, como necesitan jugársela para puntuar, proceden a salir con neumático duro. Siguen y siguen con esas gomas mientras el resto va parando en boxes. Y aguantan muchísimas vueltas, todo lo que pueden, esperando a que alguien sufra un incidente y salga el coche de seguridad.

Si por lo que sea sucede, logran la mejor estrategia del día, ya que se ahorran muchos segundos en boxes, no pierden tantas posiciones y salen a la pista con los neumáticos en mejor estado que nadie. Pero, si no hay ningún incidente, hacen el panoli.

Esto es habitual en los circuitos con más «peligro», es decir, en aquellos Grandes Premios en los que, históricamente, siempre ha habido jaleo. Los equipos más competitivos casi nunca lo hacen, ya que al final esta estrategia se reduce a tirar un dado y cruzar los dedos para que alguien la líe. No hay factores que la justifiquen más que el «si cuela, cuela».

La estrategia también puede dar un vuelco en caso de bandera roja. De acuerdo con la normativa de estos últimos años, la FIA permite que los equipos puedan cambiar los neumáticos y reparar los daños de sus coches. Esto puede ser un chollo para algunos, porque el reglamento no te obliga a parar en boxes *per se*: solo quieren que uses dos compuestos distintos de gomas. Si los cambias bajo bandera roja, ya no tienes que parar en boxes si no quieres. La de tiempo que se ahorra.

Pero, bueno, más allá de los incidentes, la estrategia siempre juega un papel fundamental. Si tienes ritmo para vencer pero no puedes adelantar, un buen plan de paradas te ayudará a ganar posiciones; en automovilismo no solo se adelanta en pista. Es hora de hablar de los adelantamientos estratégicos mediante el *undercut* y el *overcut*.

El *undercut* es una táctica muy utilizada en la Fórmula 1. Consiste en adelantar al piloto de delante parando en boxes una o más vueltas antes que él.

Imaginad el siguiente caso: Lando Norris va en tercera posición y tú vas cuarto, pegadito al inglés. Ambos lleváis los mismos neumáticos, habéis coincidido en la estrategia y pensáis parar más o menos al mismo tiempo. Tú tienes más ritmo que él, pero por lo que sea no puedes adelantarle. Si paráis en boxes a la vez, a no ser que Norris sufra una parada lenta por culpa de los mecánicos, seguirá por delante. ¿Qué puedes hacer para quitártelo de encima? Parar en boxes una vuelta antes que él.

Haciendo esto, logras dar una vuelta a tope con neumáticos nuevos mientras él continúa en pista con sus gomas viejas perdiendo tiempo. Y aunque Norris reaccione y pare en la siguiente vuelta, ya es tarde para él: en un solo giro has logrado recortarle la poca distancia que había entre los dos. Cuando Norris salga del *pit-lane*, lo hará por detrás de ti. Le has adelantado gracias a la estrategia. Eso es un *undercut.*

No obstante, esto puede salir mal por mil y un motivos. El primero y más importante es el tráfico. Si anticipas la parada en boxes y sales del *pit-lane* con pilotos muy lentos por delante, estos pueden frenar tu ritmo y, por tanto, dar al traste con tu ventaja en los neumáticos. Si esa vuelta no es lo suficientemente rápida, tu rival puede defenderse del *undercut* parando una vuelta más tarde y, aun así, saliendo por delante de ti.

Otras veces, el rival también logra defenderse si la diferencia de ritmo no es tan alta. Hay circuitos en los que el «efecto del *undercut*» no es muy grande: trazados donde llevar un neumático u otro no supone tanta diferencia. Por tanto, es posible que, aun recortando distancia a tu rival, este se mantenga al frente.

Lo más habitual, sin embargo, es que el *undercut* funcione. A veces, el efecto de esta táctica es tal que obliga al equipo de delante a modificar su estrategia. Algunas escuderías se niegan a parar en la vuelta siguiente, aceptando que se han comido un *undercut* del rival, e improvisan algo.

Por ejemplo, el piloto que sufre el *undercut* puede alargar su *stint* mucho más de lo previsto y parar bastante más tarde. Al salir del *pit-lane*, el rival que le ha hecho el *undercut* puede quedar muy muy por delante. Porque, claro, a cada vuelta que pasaba con esa diferencia de neumáticos, más tiempo le sacaba el otro. Pero en ese punto el piloto juega con la baza de salir de boxes con gomas en mejor estado que las de su rival.

Esto hará que, al final de la carrera, tenga más ritmo que el otro, que paró mucho antes. De manera que ahí quizá se cambien las tornas, recupere el tiempo perdido en el *undercut* y le vuelva a adelantar. No es lo ideal, ya que nada te asegura que al final puedas sobrepasar a tu rival, pero una vez sufrido el *undercut*, es mejor probar algo diferente que parar una vuelta más tarde, comérselo y estar en igualdad de condiciones.

Como veis, el mero gesto de parar en boxes una vuelta antes puede cambiar el devenir de una carrera con relativa facilidad. Por eso los estrategas están tan al pie del cañón. Normalmente apuran la orden de parar en boxes para pillar desprevenido al equipo de delante.

Y, una vez explicado el *undercut*, hay que hablar del *overcut*. Esta táctica permite superar al piloto de delante haciendo justo lo contrario: alargando tu parada en boxes más que él.

De nuevo, imaginemos una situación de carrera para entenderlo mejor: Lando Norris vuelve a ir tercero y tú cuarto, coincides con él en la estrategia y tienes los mismos problemas para adelantarle. En un escenario de *overcut*, Norris pararía en boxes antes que tú. Pero tras unas cuantas vueltas, tú te metes en el *pit-lane* y... vuelves a pista por delante del McLaren.

¿Qué ha podido salir mal? Pues varias cosas. Generalmente, esto ocurre en circuitos donde los neumáticos no sufren mucha degradación. En esos trazados, la ventaja de Norris con neumático nuevo es menor a la que tendría en otros sitios.

Luego está el tema de que, una vez que Norris para en boxes, tú te quedas en pista con aire limpio. En ese momento, los pilotos pueden apretar a tope para gastar lo que les queda de neumático antes de parar. Y, sin molestias al frente, vas más rápido que cuando Norris te mantenía rezagado.

Si, además, como comentábamos antes, Norris se topa con tráfico tras su parada en boxes, dará varias vueltas en las que incluso perderá tiempo. Especialmente si la parada del británico ha sido bien temprana. Puede que esos pilotos que le frenan lo hagan durante muchas vueltas si no tienen pensado parar en boxes pronto. Esto le arruinaría la carrera al de McLaren.

Por estos motivos, es posible que cuando pares en boxes, aunque lo hagas cuatro o cinco vueltas más tarde, logres salir por delante de tu rival. Y eso sería una bendición, porque le adelantarías y, además, saldrías de boxes con un neumático en mejor estado, lo cual te ayudaría a mantener un mejor ritmo hasta el final y a protegerte de sus ataques.

El *overcut*, a veces, interesa, y mucho. Es por ello por lo que algunos equipos prueban a tender trampas a sus rivales para «forzarles» a parar en boxes antes que ellos. Una táctica es hacer el paripé y amagar con que vas a parar en boxes sacando al equipo de mecánicos para una supuesta parada. El equipo rival, con el fin de evitar ese supuesto *undercut*, también se prepara y da la orden a su piloto para que pare en boxes. Pero cuando su piloto entra, su rival se queda en pista. Era solo un amago. Han caído en la trampa.

Hay mil y una tácticas para desestabilizar al oponente desde el muro de ingenieros si, por lo que sea, tu piloto no lo consigue en la pista. Reaccionar a este tipo de cosas no es nada sencillo. Si un equipo sufre un *undercut*, desde casa es muy fácil pensar que tú lo habrías hecho mejor. No obstante, el nivel de concentración y la capacidad de análisis que necesitas para contemplar todos los escenarios posibles es demencial.

De ahí el mérito de los equipos capaces de mantener el dominio sin fallar prácticamente ni una sola vez. En este deporte pueden salir mil cosas mal en cuestión de minutos, incluso de segundos, como podéis observar. Así que ganar el Mundial de Constructores ocho años seguidos, como hizo Mercedes, siempre me fascinará. Cometieron errores de vez en cuando, pero siempre encontraron la manera de mejorar para salir airosos.

Hay otras tácticas más enrevesadas, como usar a uno de tus pilotos para que haga el «trabajo sucio» de su compañero. Este recurso lo utilizó mucho Red Bull en la temporada 2021 con Checo Pérez sacrificándose por Max Verstappen. Aunque no es lo habitual: solo ocurre si la batalla por el Mundial está realmente apretada.

La estrategia puede hacer mucho por el piloto para encarrilar su carrera, pero al final lo bonito es que todo dependa de él. Las batallas cruciales las deberá afrontar ese hombre solito, ya luche por dinero, por la gloria o por los titulares de la prensa. Y esos duelos pueden ser apoteósicos, dejarte con el corazón en un puño y hacer que salga a relucir toda tu adrenalina mientras esos locos la queman sobre el asfalto.

Por eso las carreras son tan apasionantes. Por eso el domingo es mi día favorito de la semana.

CAPÍTULO 10

LA PASIÓN

Y esto es, sin duda, lo más necesario para seguir este deporte. La Fórmula 1 es una categoría que, como comentaba al principio, puede espantar de primeras. Es normal. Hay disciplinas deportivas que necesitan algunas explicaciones para entender el juego, pero creo que esta se lleva la palma. Es muy complicado, además, ser un aficionado medio y pillar conceptos técnicos que ni siquiera algunos ingenieros comprenden.

Sin embargo, por encima del desconocimiento está la pasión. La pasión lo mueve todo. En esta vida vemos un montón de cosas que no entendemos pero que logran captar nuestra atención. Cuanto más las ves, más te apasionan, pese a no entender nada. Y si te dejas llevar por esa pasión, puede que llegues a sitios insospechados.

A mí me ha pasado con la Fórmula 1. Cuando empecé a seguir la categoría, con cinco años, evidentemente no tenía ni la más remota idea de qué lógica había detrás de aquel deporte. Solo sabía que había coches y que Alonso era el mejor. Conforme pasaban los años, seguía sin entender ni una décima parte de todo lo que salía por la tele. Aun así, aguanté: porque el Gran Circo tiene una chispa especial.

Y quizá esa chispa especial sea la misma que os ha llevado a leer estas líneas. Puede que muchos de vosotros, cuando cerréis esta especie de guía de supervivencia, olvidéis la mayor parte de lo que he tratado de explicar devanándome los sesos durante un año.

Pero no pasa absolutamente nada, porque para seguir la categoría solo necesitáis esa chispa y mantener viva la llama. No hace falta ser Adrian Newey para disfrutar de este deporte. A veces, no hace falta ni entenderlo. La Fórmula 1 te atrapa porque es el deporte de equipo más fascinante del mundo. El más delicado, el más enrevesado... y también, para mí, el más apasionante.

Cuando salta esa chispa, te dejas llevar por la locura de esos veinte trastos volando sobre pistas de todo el mundo. La conducción casi perfecta de los pilotos, la capacidad de reacción de los equipos y los enfrentamientos en pista y en el muro te marean durante una hora y media.

Cada año cambia, y cada año toca aprender algo nuevo. Resulta que lo que pensabas que sabías queda obsoleto. Y vuelves a la casilla de salida. Y ahora los coches evolucionan. Y ahora qué diantres se supone que es eso del *porpoising*. Y no para, no para, no para, te dices a ti mismo mientras aporreas la tabla de planchar.

Es un deporte tan enrevesado que entrego este libro con la relativa preocupación de que el público general no entienda sus conceptos. Puede que hayáis tenido que releer algún que otro párrafo, y mira que le he echado horas para ver cómo simplificar el texto al máximo sin que pierda el sentido.

Y, sí, puede que sea demasiado enrevesado si solo quieres seguirlo los fines de semana cuando no tienes nada mejor que hacer. Pero lo único que os pido es que le deis una oportunidad. Que abráis bien los ojos en la próxima carrera y le echéis todas las ganas del mundo para entenderlo. Ya veréis como lo disfrutáis.

Cuando cualquiera de mis amigos lo ha intentado de verdad, se ha encaprichado de la Fórmula 1. No falla. No conozco a nadie de mi entorno que le haya prestado atención y no haya quedado atrapado. Si a ti no te engancha, busca mi cuenta de X y pégame caña. Pero estoy seguro de que no pasará.

Esos son vuestros deberes: mantener viva la chispa. A partir de ahí, seréis pasajeros en la montaña rusa de emociones que es este deporte de millonarios alocados. Con que este libro os sirva para iniciaros ya me doy por satisfecho. Quizá podáis volver a él cuando os surja alguna duda al seguir las carreras.

Espero, de todo corazón, que os guste. Siempre he pensado que cuando la Fórmula 1 tiene el día, no hay deporte que se le acerque. A mí me ha alegrado y cambiado la vida por completo. Y, con un pelín de suerte, este libro ayudará a que la vuestra sea un pelín más emocionante, al menos los domingos.